村庄整治技术手册

农村户厕改造

住房和城乡建设部村镇建设司　组织编写

王俊起　主编

中国建筑工业出版社

图书在版编目(CIP)数据

农村户厕改造/王俊起主编.—北京：中国建筑工
业出版社，2009
(村庄整治技术手册)
ISBN 978-7-112-11653-9

Ⅰ. 农… Ⅱ. 王… Ⅲ. 农村住宅—卫生间—改建—
手册 Ⅳ. TU241.4

中国版本图书馆 CIP 数据核字(2009)第 219615 号

村庄整治技术手册

农 村 户 厕 改 造

住房和城乡建设部村镇建设司　组织编写

王俊起　主编

*

中国建筑工业出版社出版、发行(北京西郊百万庄)
各地新华书店、建筑书店经销
北京天成排版公司制版
北京建筑工业印刷厂印刷

*

开本：880×1230毫米　1/32　印张：5⅝　字数：171千字
2010年3月第一版　2010年3月第一次印刷
定价：**17.00**元
ISBN 978-7-112-11653-9
(18905)

本书是村庄整治技术手册之一，主要包括粪便无害化与预防疾病、农村户厕改造推荐了三格化粪池厕所、三联通沼气池式厕所、粪尿分集式生态卫生厕所、双瓮漏斗式厕所、双坑交替式厕所、阁楼式堆肥厕所，介绍了节水型便器、旧厕改造成功的案例等内容。可供从事村镇规划建设的管理人员、从事农村环境卫生工作的乡镇基层干部以及广大农民群众使用参考。

＊　　＊　　＊

责任编辑：刘　江
责任设计：赵明霞
责任校对：陈　波　刘　钰

《村庄整治技术手册》
组委会名单

主　任：仇保兴　住房和城乡建设部副部长

委　员：李兵弟　住房和城乡建设部村镇建设司司长

　　　　赵　晖　住房和城乡建设部村镇建设司副司长

　　　　陈宜明　住房和城乡建设部建筑节能与科技司司长

　　　　王志宏　住房和城乡建设部标准定额司司长

　　　　王素卿　住房和城乡建设部建筑市场监管司司长

　　　　张敬合　山东农业大学副校长、研究员

　　　　曾少华　住房和城乡建设部标准定额所所长

　　　　杨　榕　住房和城乡建设部科技发展促进中心主任

　　　　梁小青　住房和城乡建设部住宅产业化促进中心副主任

《村庄整治技术手册》
编委会名单

主　编： 李兵弟　住房和城乡建设部村镇建设司司长、教授级
高级城市规划师

副主编： 赵　晖　住房和城乡建设部村镇建设司副司长、博士
徐学东　山东农业大学村镇建设工程技术研究中心主
任、教授

委　员：（按姓氏笔画排）
卫　琳　住房和城乡建设部村镇建设司村镇规划（综
合）处副处长
马东辉　北京工业大学北京城市与工程安全减灾中心
研究员
牛大刚　住房和城乡建设部村镇建设司农房建设管理处
方　明　中国建筑设计研究院城镇规划设计研究院院长
王旭东　住房和城乡建设部村镇建设司小城镇与村庄
建设指导处副处长
王俊起　中国疾病预防控制中心教授
叶齐茂　中国农业大学教授
白正盛　住房和城乡建设部村镇建设司农房建设管理
处处长
朴永吉　山东农业大学教授
米庆华　山东农业大学科学技术处处长
刘俊新　住房和城乡建设部农村污水处理北方中心研
究员
张可文　《施工技术》杂志社社长兼主编
肖建庄　同济大学教授
赵志军　北京市市政工程设计研究总院高级工程师

郝芳洲　中国农村能源行业协会研究员

徐海云　中国城市建设研究院总工程师、研究员

顾宇新　住房和城乡建设部村镇建设司村镇规划(综合)
　　　　处处长

倪　琪　浙江大学风景园林规划设计研究中心副主任

凌　霄　广东省城乡规划设计研究院高级工程师

戴震青　亚太建设科技信息研究院总工程师

本书编写人员名单

主　　编：王俊起
副主编：潘力军
编　　委：（以姓氏笔画为序）
　　　　　王友斌　　王宝利　　王俊起　　孔林汛
　　　　　田洪春　　孙凤英　　曲晓光　　纪忠义
　　　　　何英华　　张本界　　陈晓进　　郑时选
　　　　　赵和平　　廖　岩　　潘力军　　樊庆新

序

　　当前，我国经济社会发展已进入城镇化发展和社会主义新农村建设双轮驱动的新阶段，中国特色城镇化的有序推进离不开城市和农村经济社会的健康协调发展。大力推进社会主义新农村建设，实现农村经济、社会、环境的协调发展，不仅经济要发展，而且要求大力推进生态环境改善、基础设施建设、公共设施配置等社会事业的发展。村庄整治是建设社会主义新农村的核心内容之一，是立足现实、缩小城乡差距、促进农村全面发展的必由之路，是惠及农村千家万户的德政工程。它不仅改善了农村人居生态环境，而且改变了农民的生产生活，为农村经济社会的全面发展提供了基础条件。

　　在地方推进村庄整治的实践中，也出现了一些问题，比如乡村规划编制和实施较为滞后，用地布局不尽合理；农村规划建设管理较为薄弱，技术人员的专业知识不足、管理水平较低；不少集镇、村庄内交通路、联系道建设不规范，给水排水和生活垃圾处理还没有得到很好解决；农村环境趋于恶化的态势日趋明显，村庄工业污染与生活污染交织，村庄住区和周边农业面临污染逐年加重；部分农民自建住房盲目追求高大、美观、气派，往往忽略房屋本身的功能设计和保温、隔热、节能性能，存在大而不当、使用不便，适应性差等问题。

　　本着将村庄整治工作做得更加深入、细致和扎实，本着让农民得到实惠的想法，村镇建设司组织编写了这套《村庄整治技术手册》，从解决群众最迫切、最直接、最关心的实际问题入手，目的是为广大农民和基层工作者提供一套全面、可用的村庄整治实用技术，推广各地先进经验，推行生态、环保、安全、节约理念。我认为这是一项非常及时和有意义的事情。但尤其需要指出的是，村庄整治工作的开展，更离不开农民群众、地方各级政府和建设主管部门以及社会各界的共同努力。村庄整治的目的是为农民办实事、办好事，我希望这套丛书能解决农村一线的工作人员、技术人员、农民参与村庄整治的技术需求，能对农民朋友们和广大的基层工作者建设美好家园和改变家乡面貌有所裨益。

仇保兴

2009 年 12 月

前　言

　　《村庄整治技术手册》是讲解《村庄整治技术规范》主要内容的配套丛书。按照村庄整治的要求和内涵，突出"治旧为主，建新为辅"的主题，以现有设施的改造与生态化提升技术为主，吸收各地成功经验和做法，反映村庄整治中适用实用技术工法(做法)。重点介绍各种成熟、实用、可推广的技术(在全国或区域内)，是一套具有小、快、灵特点的实用技术性丛书。

　　《村庄整治技术手册》由住房和城乡建设部村镇建设司和山东农业大学共同组织编写。丛书共分13分册。其中，《村庄整治规划编制》由山东农大组织编写，《安全与防灾减灾》由北京工业大学组织编写，《给水设施与水质处理》由北京市市政工程设计研究总院组织编写，《排水设施与污水处理》由住房城乡建设部农村污水处理北方中心组织编写，《村镇生活垃圾处理》由中国城市建设研究院组织编写，《农村户厕改造》由中国疾病预防控制中心组织编写，《村内道路》由中国农业大学组织编写，《坑塘河道改造》由广东省城乡规划设计研究院组织编写，《农村住宅改造》由同济大学组织编写，《家庭节能与新型能源应用》由亚太建设科技信息研究院组织编写，《公共环境整治》由中国建筑设计研究院城镇规划设计研究院组织编写，《村庄绿化》由浙江大学组织编写，《村庄整治工作管理》由山东农业大学组织编写。在整个丛书的编写过程中，山东农业大学在组织、协调和撰写等方面付出了大量的辛勤劳动。

　　本手册面向基层从事村庄整治工作的各类人员，读者对象主要包括村镇干部，村庄整治规划、设计、施工、维护人员以及参与村庄整治的普通农民。

　　村庄整治技术涉及面广，手册的内容及编排格式不一定能满足所有读者的要求，对书中出现的问题，恳请广大读者批评指正。另外，村庄整治技术发展迅速，一套手册难以包罗万象，读者朋友对在村庄整治工作中遇到的问题，可及时与山东农业大学村镇建设工程技术研究中心（电话 0538-8249908，E-mail：zgczjs@126.com）联系，编委会将尽力组织相关专家予以解决。

编委会

2009 年 12 月

本书前言

农村改厕是国家卫生改革在公共卫生领域五个重大专项工作之一，户厕是保障人们正常生活的最基本的卫生设施，是社会主义新农村建设的重要内容。

在全国爱国卫生运动委员会办公室的领导下，近年我国的卫生改厕取得巨大成果。1993年我国农村卫生厕所覆盖率仅为7.5％，其间肠道寄生虫感染率62.63％，仅蛔虫感染者为5.31亿人；腹泻年发生8.36亿人次；肠道细菌感染率居高不下，5岁以下儿童死于腹泻的每年近3万人，肠道疾患导致农村儿童营养不良、发育迟缓的人数巨大。2003年卫生厕所覆盖率上升到48.7％，有调查显示寄生虫的感染率即大幅度下降，还以蛔虫感染为例，感染人数8593万，下降了83.8％。成果虽不能完全归功于改厕，但污染源——粪便污染得到有效控制功不可没，改厕的直接受益者是广大的农民群众。2010年全国卫生厕所普及率要达到65％，2015年要达到70％的目标，每年改厕要新增500余万座，达到目标还需付出极大努力。

各级政府与部门对改厕工作的高度重视，农民群众参与农村改厕热情的高涨，需要因地制宜、准确实施改厕技术，本书用通俗的语言，介绍了目前农村推广应用的无害化卫生厕所的定义、分类、适用地区、技术特点、建造标准、维护管理和造价等群众关心的问题，供从事农村环境卫生工作的乡镇基层干部、广大农民群众参考。

目　　录

1 农村户厕改造 ……………………………………………… 1

1.1　厕所是最基本的卫生设施 …………………………… 1

1.2　中国厕所的发展 ……………………………………… 1

1.3　西方水冲式厕所的发展 ……………………………… 3

1.4　东西方厕所文明的结合 ……………………………… 3

1.5　无害化卫生厕所 ……………………………………… 5

　　1.5.1　无害化卫生厕所与改厕 ……………………… 5

　　1.5.2　建造无害化卫生厕所的意义 ………………… 6

1.6　无害化处理后粪便的利用 …………………………… 7

1.7　我国无害化卫生厕所的推广应用 …………………… 8

1.8　厕所卫生清洁的基本要求 …………………………… 9

2 粪便无害化与预防疾病 ………………………………… 10

2.1　粪的主要成分 ………………………………………… 10

2.2　尿的主要成分 ………………………………………… 12

2.3　粪与便的资源利用 …………………………………… 13

2.4　人粪、尿作为农作物肥料的比较 …………………… 14

2.5　粪便资源利用的前提条件 …………………………… 15

2.6　温度对粪便中致病微生物的影响 …………………… 17

2.7　酸碱度对粪便中致病微生物的影响 ………………… 18

2.8　湿度对粪便中致病微生物的影响 …………………… 18

2.9　粪便无害化的卫生、健康、环境效益 ……………… 19

3 三格化粪池厕所 ………………………………………… 21

3.1　概述 …………………………………………………… 21

3.1.1 发展历程 ·· 21

3.1.2 组成 ··· 23

3.2 适用地区与技术局限性 ······························· 24

3.3 砖砌三格化粪池厕所 ································· 25

户厕-1：砖砌三格化粪池厕所 ···························· 25

3.3.1 设计 ··· 25

3.3.2 建造 ··· 28

3.3.3 验收 ··· 30

3.3.4 管理 ··· 30

3.3.5 造价参考表 ·· 32

3.3.6 施工简图 ·· 32

3.3.7 施工图纸 ·· 36

3.4 浇筑三格化粪池厕所 ································· 38

户厕-2：浇筑三格化粪池厕所 ···························· 38

3.4.1 设计 ··· 38

3.4.2 建造 ··· 38

3.4.3 验收 ··· 39

3.4.4 管理 ··· 39

3.4.5 造价参考表 ·· 39

3.4.6 施工简图 ·· 40

3.4.7 施工图纸 ·· 40

3.5 预制三格化粪池厕所 ································· 40

户厕-3：预制三格化粪池厕所 ···························· 40

3.5.1 设计 ··· 40

3.5.2 建造 ··· 40

3.5.3 验收 ··· 40

3.5.4 管理 ··· 40

3.5.5 造价参考表 ·· 41

3.5.6 施工简图 ·· 41

3.5.7 施工图纸 ·· 41

3.6 户内型三格化粪池厕所 ······························ 41

户厕-4：户内型三格化粪池厕所 ························· 41

3.7 北方三格化粪池厕所 ································· 42

户厕-5：北方三格化粪池厕所 ··························· 42

3.8　三格化粪池加人工小湿地 ……………………………… 43
户厕-6：三格化粪池加人工小湿地 ……………………… 43
3.8.1　概述 …………………………………………………… 43
3.8.2　适用地区 ……………………………………………… 45
3.8.3　技术特点与适用情况 ………………………………… 45
3.8.4　技术局限性 …………………………………………… 46
3.8.5　标准与做法 …………………………………………… 46
3.8.6　维护与管理 …………………………………………… 47
3.8.7　发展趋势 ……………………………………………… 48
3.9　建造误区 …………………………………………………… 48

4　三联通沼气池式厕所 …………………………………………… 50
4.1　概述 ………………………………………………………… 50
4.1.1　历史 …………………………………………………… 50
4.1.2　定义 …………………………………………………… 50
4.1.3　组成 …………………………………………………… 52
4.2　适用地区 …………………………………………………… 57
4.3　技术特点 …………………………………………………… 57
4.4　标准与做法 ………………………………………………… 58
4.4.1　设计 …………………………………………………… 58
户厕-7：沼气池厕所的设计 …………………………… 58
4.4.2　施工 …………………………………………………… 63
户厕-8：沼气池厕所的施工 …………………………… 63
4.4.3　施工图纸 ……………………………………………… 71
4.4.4　维护与管理 …………………………………………… 74
户厕-9：三联通沼气池厕所的维护与管理 …………… 74
4.5　管理误区 …………………………………………………… 79

5　粪尿分集式生态卫生厕所 …………………………………… 80
5.1　概述 ………………………………………………………… 80
5.1.1　发展历程 ……………………………………………… 80
5.1.2　定义和类型 …………………………………………… 80
5.1.3　组成 …………………………………………………… 81

　　　5.1.4　主要影响因素 ･･････････････ 87

　5.2　适用地区 ････････････････････････ 92

　5.3　技术特点 ････････････････････････ 93

　5.4　设计 ･･･････････････････････････････ 94

　　　户厕-10：粪尿分集式生态卫生厕所的设计 ･････ 94

　5.5　北方寒冷地区的厕所模式 ････････････ 95

　　　户厕-11：北方寒冷地区的厕所模式 ･･･････ 95

　　　5.5.1　设计 ････････････････････････ 95

　　　5.5.2　施工 ････････････････････････ 96

　　　5.5.3　施工流程图 ･･･････････････････ 98

　　　5.5.4　维护与管理 ･･･････････････････ 99

　　　5.5.5　造价 ････････････････････････ 101

　　　5.5.6　施工图纸 ････････････････････ 103

　5.6　南方潮湿地区厕所模式 ･･･････････ 105

　　　户厕-12：南方潮湿地区厕所模式 ･･･････ 105

　5.7　中原地区厕所模式 ･･･････････････ 105

　　　户厕-13：中原地区厕所模式 ･･･････････ 105

　5.8　无应用粪肥习惯地区的厕所模式 ･･･ 106

　　　户厕-14：无应用粪肥习惯地区的厕所模式 ･･ 106

　5.9　应用水肥习惯地区的厕所模式 ･････ 107

　　　户厕-15：应用水肥习惯地区的厕所模式 ･･ 107

　5.10　施工图例 ････････････････････････ 107

　　　5.10.1　材料准备 ･･･････････････････ 107

　　　5.10.2　新建 ･･･････････････････････ 107

　　　户厕-16：新建 ････････････････････ 107

　　　5.10.3　改建 ･･･････････････････････ 110

　　　户厕-17：改建 ････････････････････ 110

　5.11　建造误区 ････････････････････････ 113

6　双瓮漏斗式厕所 ･･････････････････ 114

　6.1　概述 ･･･････････････････････････････ 114

　　　6.1.1　发展历程 ････････････････････ 114

　　　6.1.2　组成 ･･･････････････････････ 115

6.2　适用地区 ⋯⋯⋯⋯⋯⋯⋯⋯⋯⋯⋯⋯⋯⋯ 116

6.3　技术特点与局限性 ⋯⋯⋯⋯⋯⋯⋯⋯⋯⋯ 117

6.4　二合土双瓮漏斗厕所 ⋯⋯⋯⋯⋯⋯⋯⋯⋯ 118

　　户厕-18：二合土双瓮漏斗厕所 ⋯⋯⋯⋯ 118

　　6.4.1　设计 ⋯⋯⋯⋯⋯⋯⋯⋯⋯⋯⋯⋯ 118

　　6.4.2　建造 ⋯⋯⋯⋯⋯⋯⋯⋯⋯⋯⋯⋯ 118

　　6.4.3　维护与管理 ⋯⋯⋯⋯⋯⋯⋯⋯⋯⋯ 119

　　6.4.4　造价 ⋯⋯⋯⋯⋯⋯⋯⋯⋯⋯⋯⋯ 121

　　6.4.5　施工图纸 ⋯⋯⋯⋯⋯⋯⋯⋯⋯⋯ 121

6.5　砖砌双瓮漏斗式厕所 ⋯⋯⋯⋯⋯⋯⋯⋯ 124

　　户厕-19：砖砌双瓮漏斗式厕所 ⋯⋯⋯⋯ 124

6.6　混凝土预制双瓮漏斗式厕所 ⋯⋯⋯⋯⋯ 124

　　户厕-20：混凝土预制双瓮漏斗式厕所 ⋯⋯ 124

6.7　全塑可拆装组合式双瓮漏斗式厕所 ⋯⋯ 127

　　户厕-21：全塑可拆装组合式双瓮漏斗式厕所 ⋯ 127

6.8　改进型—三瓮式贮粪池厕所 ⋯⋯⋯⋯⋯ 127

　　户厕-22：改进型—三瓮式贮粪池厕所 ⋯⋯ 127

　　6.8.1　基本结构 ⋯⋯⋯⋯⋯⋯⋯⋯⋯⋯ 127

　　6.8.2　原理 ⋯⋯⋯⋯⋯⋯⋯⋯⋯⋯⋯⋯ 128

　　6.8.3　设计要求 ⋯⋯⋯⋯⋯⋯⋯⋯⋯⋯ 128

　　6.8.4　建造、安装及卫生管理 ⋯⋯⋯⋯⋯ 128

7　双坑交替式厕所 ⋯⋯⋯⋯⋯⋯⋯⋯⋯⋯⋯ 129

　　户厕-23：双坑交替式厕所 ⋯⋯⋯⋯⋯⋯ 129

7.1　技术名称 ⋯⋯⋯⋯⋯⋯⋯⋯⋯⋯⋯⋯⋯ 129

7.2　适用地区 ⋯⋯⋯⋯⋯⋯⋯⋯⋯⋯⋯⋯⋯ 129

7.3　定义和目的 ⋯⋯⋯⋯⋯⋯⋯⋯⋯⋯⋯⋯ 129

7.4　技术特点 ⋯⋯⋯⋯⋯⋯⋯⋯⋯⋯⋯⋯⋯ 130

7.5　技术局限性 ⋯⋯⋯⋯⋯⋯⋯⋯⋯⋯⋯⋯ 130

7.6　标准与做法 ⋯⋯⋯⋯⋯⋯⋯⋯⋯⋯⋯⋯ 131

　　7.6.1　结构 ⋯⋯⋯⋯⋯⋯⋯⋯⋯⋯⋯⋯ 131

　　7.6.2　施工方法 ⋯⋯⋯⋯⋯⋯⋯⋯⋯⋯ 132

7.7　维护与管理 ·············· 133

7.8　造价 ·············· 134

7.9　双坑交替式厕所施工图纸·············· 134

8　阁楼堆肥式厕所 ·············· 137

　　户厕-24：阁楼堆肥式厕所 ·············· 137

8.1　技术名称 ·············· 137

8.2　适用地区 ·············· 137

8.3　定义和目的 ·············· 137

8.4　技术特点 ·············· 138

8.5　技术局限性 ·············· 138

8.6　标准与做法 ·············· 139

　　8.6.1　组成 ·············· 139

　　8.6.2　设计 ·············· 139

　　8.6.3　建造 ·············· 139

8.7　维护与管理 ·············· 141

8.8　造价 ·············· 142

8.9　阁楼堆肥式厕所施工图纸·············· 142

9　节水型便器 ·············· 145

　　户厕-25：节水型便器 ·············· 145

9.1　结构形式 ·············· 145

9.2　质量检查和注意事项 ·············· 146

10　旧厕改造成功的案例简介 ·············· 147

10.1　小厕所　大民生——山东省菏泽市农村改厕纪实 ··· 147

　　10.1.1　改厕事关农村公共卫生 ·············· 147

　　10.1.2　政府主导群众自愿·············· 148

　　10.1.3　改厕连着乡村文明 ·············· 150

10.2　吉林省推广粪尿分集式生态卫生厕所的经验 ······ 151

　　10.2.1　要让群众明白 ·············· 151

10.2.2　民心项目顺应民心 ………………………… 152

10.2.3　明确目标，有人管、有人干 ……………… 153

10.2.4　科学知识引导，主动做好自家事 ………… 153

10.2.5　摆正位置不差钱 …………………………… 153

10.2.6　及时帮助，技术下乡 ……………………… 154

10.2.7　建立服务台账"农户改厕登记卡" ……… 154

11　设计原则说明 …………………………………… 155

技术索引表 ……………………………………………… 156

参考文献 ………………………………………………… 157

致谢 ……………………………………………………… 159

1 农村户厕改造

农民兄弟家庭使用的厕所要改造，为什么要改造？要改造成什么样的厕所？改造后的厕所可以给农民兄弟带来哪些好处？改造的新厕所能不臭吗？能没有蚊蝇吗？改造一个厕所要花费很多钱吗？这里我们将一一回答农民兄弟户厕改造方面提出的问题。

1.1 厕所是最基本的卫生设施

说起厕所大家都会说我知道！从没有一个人会对什么是厕所，厕所是干什么用的提出疑问。谁人不大小便，谁人不需要厕所？我们简单地算一个账，假设一个人每天大小便 4 次，按 80 年计，一生需要使用厕所 12 万次，每天大小便的时间若共需 15 分钟，那么人一生 24 小时不间断的在厕所里的时间达到 1 年。如同呼吸、喝水、吃饭，排便也是维持人类生命活动的基本需要，厕所即成为保障人们正常生活的最基本的设施。没有改造的厕所是什么样的，农民兄弟人人皆知，传播疾病尚且不论，臭气熏天、蚊蝇成群，谁愿意与蚊蝇为伍，吸纳臭气为快，在一个肮脏污秽的地方日日承受难言之苦呢？勿容置疑改厕是农民的意愿，我们的责任是帮助农民把厕所建设成为有利于农民兄弟身体健康、生活环境清洁舒适、生产环境可持续发展的卫生设施。

1.2 中国厕所的发展

你听说过关于厕所的历史故事吗？关于"上厕所"的事，历史早有记载，史前虽无厕所但是"方便"之事总是人类的生理需要，那时候人类在解决需求的时候，同样也具有最为基本的卫生意识，上古时代人类"穴居而野处"，虽然无固定方便之处所的"厕所"，但为了防止臭气对正常生活与生活环境的影响，大小便也会选择居住地的下风向、离开居住点远一些的地方。

下风向与拉开距离成为建造厕所的主要"卫生"原则，辽金时代建于山西大同善化寺内的厕所，位于整个寺院的西北角。充分地考虑到风向因素，夏季多东南风，臭气可被吹散，冬季粪便冻结，即使刮西北风有气味也不易扩散。可见人们对厕所厌恶首先是"臭"，设法解决的也是"臭"，延续至今厕所不能入室进院的原因依然是"臭"，原本是应用有效的基本原则，现在成为农村厕所改造的主要障碍之一。

考古发掘使厕所的历史发展不存悬念，在多处墓穴之中有"厕所"的构筑物或陪葬的厕所模型。目前所见最早的厕所是在西安半坡村氏族部落遗址发现，距今已有 5000 年以上的历史，于房山区董家林村的燕国都遗址，发现了距今有 3000 多年历史北京最早的厕所。从西周到春秋时期，厕所的使用已较为普遍了。《仪礼》曰"隶人涅厕"。郑玄注为："古人不共厕，涅者填之也，是亦厕为土坑之证也"，证明春秋时期已有厕所并给予了名称，那时的厕所仅是一个简单的土坑，但厕所不能共同使用，人死之后，便由奴隶将厕所填埋，不失为预防疾病传播一大措施。徐州汉王墓发现结构完整的厕所，其沟槽式的厕坑与如今见到的厕所简直无异，距今已有 2000 年的历史。

水冲式厕所并非外国人独占的专利，中国的历史上也曾有水冲式厕所，如春秋时期就有"水冲"厕所，据《周礼·天官·宫人》记："宫人掌王六寝之修，为其井匽，去其恶臭"，所谓井是漏井，即一种受便溺之秽而漏之于下的水管，匽是一种蓄水池，便溺过后，放蓄水冲秽，使之流出。这种方法与现代水冲厕所的设计与功能非常接近，而且在厕所的设计建造方面，考虑到了恶臭的影响与去除的功能。

中国厕所的文字表述言简意明如"圂"，厕中养猪。挖掘出的陪葬厕所模型，是与猪圈连在一起的连茅圈，人畜混用，人粪猪食，这种具有原始生态色彩的连茅圈，一直到今天在我国农村地区仍然可见。这种将人粪作为猪的辅助饲料，把人粪便作为一种"资源"进行了再利用。但这种具有原始生态特色的连茅圈，其粪便利用方式，产生了诉说不尽的卫生问题。如人体的一些寄生虫，通过粪便传染给猪，造成了诸如人畜之间反复感染的绦虫病，这种寄生虫病在东汉时就已经比较常见。另外厕所和猪圈在一起，彻底清洁并不容易，蛆、苍蝇、臭气成为厕所的顽疾，厕所就等于肮脏的认识成为定律，影响着一代又一代人们的观念，鲁迅先生在《华盖集·并非闲说》中也讲："茅厕即永远需用，怎么打扫得干净"。人们自然产生一种认为厕所乃是人们离不开、除不掉的污浊之地，天经地义的生理活动上厕所，成为去"那地方"、"1号"代替的难以启齿之事。世人尽知什么问题成为人们意识中难以逾越的鸿沟。

1.3　西方水冲式厕所的发展

西方国家厕所与粪便处理方法与我们截然不同，上溯5000年，清晰显示西方国家使用水冲厕所的历史，时间可能比罗马帝国还早。在印度河谷哈拉巴文化遗迹中发现，公元前2500年应用水冲式厕所已普遍，并配有污水排放系统，可见完整的上下水系统是水冲式厕所的基本要求。粪便直接排到我们居住的周围环境、排入水体等，带来的危害无穷，简直是有百害而无一利，这一点后面我们还会谈到。公元前196年，在罗马就使用带有抽水马桶的户厕，由于厕室与贮粪坑连通，臭味很大，水封弯管也不能解决根本问题。19世纪40年代汉堡发明了新下水道系统，使这一卫生问题得到了改善，19世纪50年代，杰出的卫生工程师约瑟夫·巴札盖特爵士给伦敦设计了高效下水管道系统、发明了自动冲水阀门和加速水流的管节，完成了现代的水冲式厕所的建造与设计，室内臭气过重的问题得到解决。而粪便变形、变性与初步处理的化粪池设施，是1904年首次出现在巴黎。

西方国家的人们在厕所的设计与建造方面，出现与需要解决的问题均突出表现在防臭系统与排水系统方面。

1.4　东西方厕所文明的结合

东西方历史上对厕所与粪便处理方式的差异，实质是东西方文化的差异，西方国家用水冲式厕所解决了使用者的舒适问题，将粪便一冲了之，后面的事情与我无关了，给我们的提示是，西方国家之所以能够将粪便一排了之，与其人口较为稀少，没有强烈的农业需求有关。西方国家的有识之士已经认识到其 5000 年发展水冲式厕所的过程，是造成粪便搬家、扩大污染、粪便的营养成分没有被利用反而造成巨大的环境负担、水资源的大量浪费、污染物体积膨胀增加了处理负担的过程。越来越多的欧美环境专家对水冲式厕所提出了疑问，发现水冲式厕所存在的问题与现代理念的矛盾。例如，他们对水冲式厕所把可以利用的生物有机肥全部丢弃，同时又用很大花费在污水处理场进行净化处理的问题进行了反思；他们还自问为什么中国的土地使用了几千年，依然保持了优良的土壤环境，而美国仅三百年，土质就明显变坏了呢？答案是生物有机肥的应用起了关键的作用，而生物有机肥的应用与厕所模式和粪便处理方式相关。

以我国为代表的东方国家，虽然也曾经出现过水冲式厕所，但由于人口数量对农业产出的需要，我们应用与发展了可以收集利用生物有机肥的旱厕，人们常说"没有粪便臭，不见稻谷香"，粪便成为私有财产。任意而简陋的旱厕，造成臭气四溢，大量孳生蚊、蛆与苍蝇，由于粪便中含有的多种致病微生物，在不良卫生习惯的纵容下，肠道传染病与肠道寄生虫病泛滥成灾。卫生问题成为厕所的顽疾，以至于现在很多地方对旱厕深恶痛绝，提出"消灭旱厕"，"以水冲式厕所全面取代旱厕"等口号。

对存在的问题需要科学的分析，不能盲目崇外妄自菲薄。东西方在粪便处理与厕所文化的差异，实际上某些西方国家厕所、粪便的处理方式有悖生态循环的理念；我国农村厕所、粪便处理方法有损于环境卫生与健康。目前提出用水冲厕所替代旱厕的口号，是忽略了旱厕的优点，而又把人家要克服的缺点，作为我们的发展方向，是认识的偏见。作为一个水资源极端匮乏的国家，我们更不能东施效颦，以模仿当成学习。

在设计厕所模式、选择厕所类型、与农民兄弟甚至包括我们的基层领导，讨论厕所改造问题、讨论厕所文明时，一定要认知"厕所文化"这个概念，厕所模式是一个地区的人们，在生活、生产等环境中，依据生命活动的需求经过长期的历史逐步形成，所以在改厕的工作中，要考虑三个方面因素：

自然环境：包括水文地理、土壤特点、常年气候、温度、降雨量、日照强度、蒸发量、风力与风向等；

生态环境：植物、动物生态、自然疫源与疾病流行情况等；

社会环境：民族习俗、生活习惯、宗教信仰、经济状况、文化现状与背景等。

上述原则不是要求一一对应的教条，而应深深地融入到改厕活动的各项具体工作中，才是真正履行了我们改厕工作中强调的因地制宜的原则，只有这样才能了解群众的需要，满足群众的需要，才能使群众自己抛弃不文明、不卫生的习惯。

我们提倡东西方厕所文明的结合，即依循卫生生态的基本理念，推导厕所的发展与改造，搞好粪便的无害化处理，为粪便的安全循环利用，建立可持续发展的技术途径。"生态卫生"或"生态健康"这一理念的出现与发展，将是东西方文化的结合在厕所文明方面的体现。

1.5　无害化卫生厕所

1.5.1　无害化卫生厕所与改厕

什么是厕所，需要给予一个定义。世界卫生组织对厕所的解释，厕所是周围有围墙供大小便使用的场所，有围墙体现人类生活的文明性，大小便是其用途。随着人类文明的发展与需要，厕所的结构与内容不断的丰富，功能化不断提升，形成了人们津津乐道谈论的卫生间。我们认为一个独立结构的农村厕所应该具备收集、输送或储存与初步处理粪便的基本功能。城市广为应用的具有完整下水道系统的水冲式厕所，对其要求最为简单，只要具有使粪便简单的变形、变性，而不使管道系统造成堵塞即可，因为在管道的末端有一个污水处理场。

我们倡导农村发展的各种户厕，即称之为无害化卫生厕所，具有较为复杂的无害化处理功能，这是依据农民生产、生活的实际需要而设定的，为了防控疾病的传播，此类厕所需要完成致病微生物的无害化处理。另外依据个人的需要也可以在其内增加洗、漱、化妆美容功能等，这些功能不是厕所的基本功能，此处不一一列举。

几十年来我们曾经经历过"两管五改"、"初保"等厕所改造的工作，汲取广大群众的实践经验，确定卫生厕所的要求是，"厕所有墙、有顶，厕坑及贮粪池不渗漏，厕内清洁，无蝇蛆，基本无臭，贮粪池密闭有盖，粪便及时清除并进行无害化处理"。现在这样的要求不能满足农民群众的需要了，改厕工作也要与时俱进。厕所一定是有厕屋的，有屋即有墙有顶；基本无臭就不能把农村户厕建造在室内，所以要去掉基本两字改为无臭；一些厕所模式不要求及时清理，而需要一定时间的贮存，使粪便得到无害化处理以后才进行农业应用或土地处理。无害化卫生厕所的要求是"厕室(有墙、有顶)清洁，无蝇蛆，无臭，贮粪池不渗不漏，密闭有盖，粪便适时利用、清除；粪渣应进行无害化处理"，由于现在推荐的厕所模式，强调农民群众使用的舒适度、强调能将粪便中的生物性致病因子就地进行无害化，我们把这些符合农民群众要求、提高了粪便效果的厕所，称之为无害化卫生厕所。

1.5.2 建造无害化卫生厕所的意义

国内外的许多研究显示，不良厕所造成粪便对环境的污染，粪便中的生物性致病因子对人体健康构成威胁。粪便可以传播细菌性、病毒性、寄生虫性疾病，诸如大家知道的伤寒、痢疾、霍乱、甲肝、戊肝、蛔虫病、血吸虫病、传染性腹泻，以及一些人畜共患病。使用卫生厕所的多少与肠道疾病的发病率的密切相关是不争的事实。多因素条件回归分析结果显示，危险因素中未建造卫生厕所、用未经处理的粪便施肥是主要原因。

我国农村卫生厕所覆盖率 1993 年仅为 7.5%，其间肠道寄生虫感染率 62.63%，蛔虫 5.31 亿人、钩虫 1.94 亿人、鞭虫 2.12 亿人、血吸虫 81 万人，0.65 亿人受到威胁；腹泻年发生 8.36 亿人次，痢疾病患 66 万人次；甲肝 19 万人次；肠道细菌感染率居高不下，5 岁以下儿童死于腹泻的每年近 3 万人，肠道疾患导致农村儿童营养不良、发育迟缓的人数巨大。2003 年卫生厕所覆盖率上升到 48.7%，卫生厕所的建造和使用改善了农村的环境卫生状况，有调查显示寄生虫的感染率即明显下降，土源性线虫感染率 19.56%，感染人数 1.29 亿，其中蛔虫占 12.72%，感染人数 8593 万；鞭虫占 4.63%，感染人数 2909 万；钩虫占 6.12%，感染人数 3930 万；华支睾吸虫感染率 2.40%，感染人数 1249 万；带绦虫感染率 0.28%，感染人数 55 万。大家可以算算账，感染人数减少 83.8%，一年要节约多少钱？我们的孩子少生病，大人们少操多少心？许多农民和我们说，建无害化卫生厕所人舒服、少得病、有利于建设生态家园，一本万利太值了！

彻底控制肠道传染病需要完成的工作很多，其中改厕、粪便无害化是重点之一、难点之一，也是重点之中的关键。可以说没有农村厕所状况的根本改善，不可能有中国卫生面貌的根本改善，没有高度的粪便无害化处理率，农牧民群众肠道传染病的发病率就难以降低，中国的肠道传染病发病率不可能得到根本控制，使 1 亿人的寄生虫病感染者数量再减少，难度更大，依然需要我们持续不断的努力。

1.6　无害化处理后粪便的利用

人类发展经济、保护生态环境的核心目标就是保证人类的生存与健康。人的生活、生产活动，乃至人新陈代谢的生命活动，不可能没有废物的排泄，所以无害化、减量化、资源化成为人们对付工业三废及人、畜粪便等所有废弃物，发展循环经济，走可持续发展之路的原则。

依据正常的排泄量计算，我国每年的人粪尿产量约 7 亿吨，按照全部建造水冲厕所，需用 350 亿吨洁净水，冲掉大约 585 万吨氮、75 万吨磷和 60 万吨钾的肥料，若全部进入城市污水管网系统，建造管网的费用数量惊人，尚不论污水处理场的基本投资，仅处理费就需数百亿元。厕所"水冲"，冲掉了大量的资源，而换取的是对环境的污染、生活质量的影响与对人体健康的危害，这显然不是我们希望的生态卫生环境。我国农村地区地域广阔、居住分散，部分地区水资源极度匮乏，应该说不存在全部建造水冲厕所的可能性。在我们尚没有认识到"水冲厕所"的缺陷时，盲目提出用水冲式厕所取代所有"旱厕"，有极大的片面性，全面水冲，就谈不到生物有机肥的利用，粪便的资源化没有了，所谓的生态循环也不存在了。虽然一些农民不愿意应用粪便而更愿意应用化肥，但我们依然要提倡有机肥农业应用这一正确方向。

本文介绍的厕所模式，使读者能结合自己的需求，因地制宜的选择、建造符合实际的无害化卫生厕所。粪尿分集式生态卫生厕所、三联通沼气池式厕所、三格化粪池厕所、双瓮漏斗式厕所等，都是强调将粪便生物性致病因子就地无害化后农业（植物）利用的厕所模式，这些厕所只要坚持粪便处理后的农业应用或土地处理，都是不折不扣的符合"生态"的原则。

虽然粪便在厕所中得到初步处理，还必须要与农业应用或土地处理相结合，才能继续使粪便中的化学物质，例如药物成分、激素成分，氮磷钾等肥效成分得到充分降解（即彻底无害化）和合理应用，这才是我们所说的生态厕所，而只有这样才算得上生态卫生。

1.7 我国无害化卫生厕所的推广应用

我国现行推广的农村户厕厕所模式有三格化粪池、双瓮漏斗、三联通沼气池式、粪尿分集式、阁楼堆肥式、双坑交替式等几种。需用水冲的有三格化粪池、双瓮漏斗、三联通沼气池式、改良的粪尿分集式厕所四种，旱厕为粪尿分集式、阁楼堆肥式、双坑交替式厕所。从其在我国的应用情况看，上述厕所均被广泛应用。

2005 年在我国农村 6 种主要类型厕所的数量：

三格化粪池式——现有 3903.73 万座，占卫生厕所的 15.71%。

双瓮漏斗式——现有 1231.02 万座，占卫生厕所的 4.96%。

三联通沼气池式——现有 1422.50 万座，占卫生厕所的 5.73%。

粪尿分集式——现有 99.45 万座，占卫生厕所的 0.40%。

完整下水道水冲式——现有 1028.51 万座，占卫生厕所的 4.14%。

其他类型卫生厕所——现有 6053.03 万座，占卫生厕所的 24.36%。

截至 2005 年，全国已建成 13740.10 万座卫生户厕，农村卫生厕所普及率已经达到 55.31%。

上述各种形式厕所可以说在每个省区都有应用。完整上、下水道水冲式厕所，顾名思义需要配备完整的上下水道，这样的条件不是什么地区都具备的，有不少农村仅是具备把粪便污水引出村、引入农田、直接排入水体的管道等，都不能称为完整上、下水道水冲式厕所，这样的厕所有害于农民自家，不可提倡。在没有完整上、下水道系统时，可以建造利用节水型冲便器与三格化粪池、双瓮、沼气池相连通的方法建造类似水冲式厕所，这种厕所可以达到与完整上、下水道水冲式厕所完全一样的使用效果。您听明白了吗？配备完整的上下水道，可建造水冲式厕所；没有条件配备完整的上下水道，可建造节水型冲便器与三格化粪池、双瓮、沼气池、相连通的类似水冲式厕所，或者用水冲的改良粪尿分集式厕所，这可给您增加了不少可以想象的空间了吧。

1.8 厕所卫生清洁的基本要求

在缺水、居住分散的农村地区，您也不必为没有条件建造一个具有完整上下水系统的水冲式厕所而遗憾，不用水冲洗、少用水清洁同样可以建造一个无臭、无蚊蝇、符合您要求的卫生厕所。

在厕所的设施与管理方面要注意做到厕所设计与建造规范、厕所管理规范，如厕屋内清洁、粪便不裸露、排粪管道畅通粪便不阻留、贮粪池严密、便器无污垢，就可以达到同样的卫生效果，反之如果水冲式厕所不能按照上述要求去做，同样也会臭气熏天，蚊蝇乱舞。不要迷信城市厕所，一冲了之不是优点，而是需要解决的问题，城市厕所设计、建造技术的提升，仅是时间问题。

2 粪便无害化与预防疾病

2.1 粪的主要成分

讲了厕所的历史、厕所的用途、收集排泄粪便的作用，那么粪、便为何物？人们对粪便的态度又是什么？西方人把人类对粪便的态度分为两类，对不使用粪便的人们称之为"憎粪人群"，而把使用粪便作为农肥的人们称之为"喜粪人群"，憎与喜说法是人们对粪便自身有无可利用价值的认定依据。如果就粪便本身的状态与给人的直觉而言，其臭难闻恐怕没有人能"喜欢"，喜与厌恶的表决结果不会产生分歧。但为什么出现是否应用粪便两种态度呢？首先回答食物结构不同的东西方人的粪便成分是否有很大区别呢？粪、尿的主要成分是什么？

人体能调控植物养分的质量平衡，这意味着在饮食中消费相同数量的氮、磷、钾和硫，同样也会排泄出相同数量，这种排泄完全是以尿和粪便的形式。质量平衡也意味着尿中养分的浓度随着饮食变化。一些分析报告表明，不同国家、不同人种、不同个人的粪便成分稍有不同，但无本质差异。

归纳起来"粪"主要成分包括：

(1) 最多的是水分：在粪中含水分约 75%，即 3/4；

(2) 其次是未消化的食物残渣，如淀粉颗粒，肉类纤维，植物纤维，植物种子等和部分消化、消化未经吸收的食糜等；

(3) 再有是伴随食物的消化过程产生的消化道的分泌物，如胆红素、无机盐、酶和黏液等，肠壁脱落的上皮细胞和其他细胞；

(4) 蛋白质、脂肪、碳水化合物经过复杂的过程，提供了人体活动所需要的能量，也产生了一些分解产物，如靛基质、粪臭素、脂酸和各种气体，令人不快之臭主要就是上述成分所致；

（5）经肠道排泄的药物与其他化学物质；

（6）数量惊人的肠道微生物，包括致病性细菌、病毒和寄生虫卵。

有文章报道每克粪中的细菌数可达 150 亿，其中 99％以上是非致病的，是人类的朋友，但毕竟还有很多肠道致病微生物与粪一起排出体外，随粪排出的肠道病原体重量不大，但种类繁多、数量巨大、致病性高、环境存活时间长短不一，长者可达数年。粪污染对人健康的危害显而易见，粪口传播的疾病依然占据发病率首位，在"粪"中可能存在的致病微生物主要有以下几种：

肠道致病性细菌：如霍乱弧菌、副溶血性弧菌、空肠弯曲菌、沙门氏菌属（伤寒杆菌、副伤寒甲、乙、丙、其他沙门氏菌）、志贺氏菌属、大肠杆菌（肠产毒性大肠杆菌、肠出血性大肠杆菌、肠侵袭性大肠杆菌、肠致病性大肠杆菌、肠聚集性大肠杆菌）、小肠结肠炎耶尔森氏菌等。

肠道病毒类如：脊髓灰质炎病毒、埃可病毒、柯萨奇病毒、传染性肝炎病毒（甲型、戊型肝炎）、轮状病毒（诺瓦克病毒、类诺瓦克病毒、杯状病毒、冠状病毒）。

肠道寄生虫卵：原虫类如溶组织阿米巴、隐孢子原虫；线虫如蛔虫、鞭虫、钩虫、蛲虫等；绦虫包括无钩绦虫（牛肉绦虫）、有钩绦虫（猪肉绦虫）等；吸虫有大家熟知的血吸虫属、中华支睾吸虫、后睾吸虫等。

近 20～30 年间，一些新发现与粪便相关的寄生虫病，人畜共患病不可忽视。如：1993 年在美国维斯康辛州密尔沃基市爆发了隐孢子虫引起的疾病，全市 160 万人 40 万人患病，4000 余人住院，122 人死亡。

伤寒病人的粪，每克中约含有 $10^8 \sim 10^9$ 个伤寒杆菌；霍乱病人的粪，有报导每克含有 10^{10} 个霍乱弧菌；不要认为排菌者都是能看得出来的病人，还有看起来完全健康的带菌者。被痢疾杆菌传染的被感染者，一半是由无症状的健康带菌者造成的，恢复期的人两周时间内还排痢疾杆菌的占 88.3％；埃尔托弧菌的带菌者菌排泄量通常是每克粪 $10^2 \sim 10^5$ 个；有 3％的伤寒慢性带菌者 1 年后还会排出伤寒菌，伤寒玛丽的事件世人皆知。

大量的蛔虫感染者的粪则往往和正常人的粪便一样被忽视，而蛔虫感染者的粪含有多少可使人感染蛔虫的虫卵呢？寄生虫病患者日平均排卵量见表 2-1。

人体寄生蠕虫雌虫日平均产卵量 表 2-1

名 称		日平均产卵量(个)	报告者
蛔虫	受精卵	$2 \times 10^5 \sim 3 \times 10^6$	横川，大岛(1956)
	未受精卵	$6 \times 10^4 \sim 1.1 \times 10^5$	
鞭 虫		$5 \times 10^3 \sim 7 \times 10^3$	中山医学院(1979)
		900	森下(1964)
钩虫	美洲钩虫	$2.5 \times 10^3 \sim 2.3 \times 10^4$	矢岛(1960)
		约 9×10^3	Craig(1970)
	十二指肠钩虫	$7 \times 10^3 \sim 2.8 \times 10^4$	矢岛(1960)
		$2.5 \times 10^4 \sim 3 \times 10^4$	Craig(1970)

以上仅列举了一些粪源性肠道传染病的病原体，据说目前已报道有数十种之多。

大家也不用因此恐粪、憎粪，不是每个人的粪中都有如此之多种类的致病微生物，使粪中致病微生物无害化方法可靠有效，当"粪"不再臭、不再对人、对家畜有危害，那就是受欢迎的土壤改良剂了。

2.2 尿的主要成分

(1) 尿中含量最多的依然是水，约含有 97%。

(2) 构成俗称为尿碱的氯化物、磷酸盐、硫酸盐、铵、Ca、K、Mg、Fe 等无机盐类，以及蛋白、糖、氮、肌酸、肌酐、马尿酸、苯酚、草酸等有机物。尿素分解形成的氨是尿产生臭味的主要成分。除此之外还有随之泌尿道中的红细胞、白细胞、上皮细胞。

(3) 经尿排泄的药物成分同样存在，甚至多于粪，与粪中存在的物质一样因人摄入的不同而异。

(4) 尿中正常情况下含有一定量微生物，但此类细菌等在环境中极为普遍，细菌类的有球菌：如葡萄球菌、肠球菌、八叠球菌、四联球菌；杆菌：如枯草芽孢杆菌、大肠杆菌、变形杆菌、阴道加德那杆菌、非致病棒状杆菌等。病患可能随尿排出致病微生物，如淋病菌，但淋病菌抗力极低，空气中很快死亡；伤寒杆菌：在恢复期病人与带菌者的尿中可排出伤寒沙门氏菌；钩端螺旋体：患钩体病的病人可以排出，在土壤中的存活时间延长，甚至可达半年。钩端螺旋体抗力弱，对酸敏感，在 32～37℃ 即不利于其生长。还有一些寄生虫异位寄生的病患，如蛔虫、蛲虫等，可以有寄生虫卵排出，但病例较少。

尿与粪相比较，尿中排出的致病微生物要比粪少许多。

2.3 粪与便的资源利用

粪与便的资源利用在中国有方法、有经验、有历史，其对农业生产、土壤保护、资源利用等诸多方面，对人类社会的发展作出的重要贡献，世界范围内均无可比拟。

我国的农民对于粪的利用具有非常丰富的经验，他们知道没有经过腐熟的"生粪"是不能直接施肥的，庄稼无法利用"生粪"的营养物质。经过高温堆肥或沤肥的过程后，才能进行施肥使用，对于其中原因的科学解释农民可能做不到，但对于这样的经验从南到北的农民没有不了解的。

生化反应的道理可以告诉我们，粪便中未消化的食物残渣，如纤维素、淀粉颗粒、蛋白质、脂肪、叶绿素等，必须在氨化细菌、硝化细菌等作用下，经过复杂的分解、转化等降解过程之后，变成氨态或硝态的氮，才可被作物吸收利用。生粪在田地里自然发酵分解，则会由于发酵过程中需要过度消耗土壤中水分并产生热量，与此同时微生物生长繁殖摄取消耗了一定量土壤中的氮，多种因素造成庄稼枯萎，俗话说庄稼被粪肥烧死了。粪中的磷、钾也需在微生物的作用下变成简单的无机化合物，才能成为真正的可被作物吸收的营养物。

对于尿来说，农民的使用方法与粪截然不同，农民、花农把尿储存几天，兑水浇花、浇菜，他们说"尿浇花花鲜，浇菜菜绿"。国内外同样的研究结果证实，尿里排泄出的氮、磷、钾占粪便的52%～90%，作物对尿中的氮、磷、钾很容易吸收。尿中80%～90%的氮以尿素形式存在，尿素在细菌尿素酶的作用下分解成铵态氮被作物吸收。

尿素降解的化学反应方程式如下：

$$CO(NH_2)_2 + 3H_2O \rightarrow CO_2 + 2NH_4^+ + 2OH^-$$

尿中的磷以磷酸盐形式存在，钾则以离子形式存在。许多化肥含有（或可溶解出）铵态氮、磷酸盐态的磷和离子态钾，尿的肥效与使用相同数量的化肥效果是相同的，尿用3～5倍的水稀释后，直接用于作物时，肥效甚至要好于化肥。

可见作物可利用的营养物，在粪与尿中存在的形式明显不同，在正常情况下人尿可以直接加水稀释便可作为肥料资源利用，而粪必须经过腐熟成为腐殖质才可以被作物利用。

中国几千年农业发展史，可以说离不开人、畜粪便的利用；中国土壤的保护与改良史，也离不开粪便这一生物有机肥的利用。外国的专家与一些国家的政要近年来，多次表述发展粪便资源化研究的重要性，由"憎粪"向"喜粪"的方向转化。我们不能在有了一些钱的情况下，就把粪便丢弃不用了，我们也不能总在按照老祖宗的经验一成不变的按传统的方法应用粪便，不能总用"不怕脏、不怕臭"来要求现代人，而是需要加大科学研究的投入，用新的科学方法处理粪便，用有效的方法，解决应用人畜粪便跟不上形势发展的矛盾，用现代化的方法解决粪便资源化的问题。

2.4　人粪、尿作为农作物肥料的比较

从表2-2中的数据可以看出，人粪（鲜基）中氮、磷、钾等营养成分浓度分别为1.5%、1.1%和0.5%，尿（鲜基）中分别为0.6%、0.1%和0.2%；从表2-3中的数据可见，尿占总排泄物量91.03%，粪占总排泄物量的8.97%，虽然单位尿（鲜基）中氮、磷、钾含量较低，但年排泄总量不同，尿中氮、钾的排泄总量分别

是粪的 5.5 和 3 倍，磷排泄总量尿、粪相当。氮、磷、钾三项尿中浓度低于粪，但总量尿高于粪。从表 2-4 可知，每人每天排泄的尿湿重 900～1200g，粪湿重 70～147g，理论上干重为 18～36g，平均不足 30g。

人粪尿的基本组成（鲜基％）　　　　表 2-2

类别	水分	有机质	矿物质	N	P$_2$O$_5$	K$_2$O	CaO	C/P
粪	75.0	22.1	2.0	1.5	1.1	0.5	1.0	7.3
尿	97.0	2.0	1.0	0.6	0.1	0.2	0.3	1.3

注：摘自肥料检测实用手册. 农业出版社. 1990。

人粪尿年排泄量及氮磷钾量（鲜基 kg）　　　　表 2-3

类别	年排泄量	N	P$_2$O$_5$	K$_2$O
重量	490	5.2	2.5	1.08
粪	48.5	0.8	1.2	0.27
尿	441.5	4.4	1.3	0.81

注：摘自肥料检测实用手册. 农业出版社. 1990，原文单位为斤。

粪尿重量、植物营养物的含量（SEPA，1995 年）　　　　表 2-4
及其分布估计平均值（瑞典）

参数	尿		粪		厕所总废物	
	（g/人天）	（％）	（g/人天）	（％）	（g/人天）	（％）
湿重	900～1200	90	70～147	10	100～1400	100
干物质	60*	63	35	37	95	100
氮	11.0	88	1.5	12	12.5	100
磷	1.0	67	0.5	33	1.5	100
钾	2.5	71	1.0	29	3.5	100

＊大部分的干物质可快速降解。

2.5　粪便资源利用的前提条件

粪便资源化的前提是粪便的无害化，在这点上不能动摇。

无论粪便是否做到了还是没有做到致病微生物的无害化，人的粪便、禽畜的粪便直接进入人、动物的食物链的任何做法都不应该提倡，更不容许作为经验推介。

我们看一看沼渣、沼液停留了一定的时间后，粪大肠杆菌与蛔虫卵还剩下多少。

从表2-5中可知，在沼气池中沉降于沼渣的蛔虫卵一个月有26%～40%的存活，甚至有报告指出，蛔虫卵在沼渣中一年，还有10%以上的存活。蛔虫卵存活率的指示标志告诉我们，在短暂的时间里，其他的寄生虫卵、绦虫节片也没有被完全灭活，仍然有机会对人、牲畜带来危害。此时我们用带有致病生物的沼渣养鱼、养猪就一定存在着卫生问题，而该方面的使用比较普遍，应予以杜绝。另外在沼渣、沼液中存在的通过人粪便、饲养的猪牛等排泄的药物成分，也不应该直接进入食物链中。举此一例，仅为引起大家思考。对双瓮漏斗式、三格化粪池均有同样的问题存在，鉴于篇幅有限不再赘述，望举一反三，道理是相通的，原始的生态循环，带来的人体健康危害，历史给我们的教训太深刻了，我们提倡健康、卫生的生态循环。

在沼气池中贮存不同时间细菌与蛔虫卵存活情况　　表2-5

检测地点	贮存时间	粪大肠菌群数（个/mL）	蛔虫卵存活率（%）
四川某地		数千—数万	35.6
四川某县	40天	数十万	40
河北省某地	中温、一个月	数百万	26.5（入料时存活59.5）
东北某地		与入料时无明显差异	与入料时无明显差异
黑龙江某地	100天	数千	4
陕西某地底渣	半年	数千—数万	19.8
	一年	数万以内	11.5
	一年以上	数千—数万	6.4
山东某地	90天	/	8.7

那么粪便又该如何资源化利用？我们提倡的是粪便生物性致病因子无害化以后的农业应用或土地处理。许多专家一致认为，

这条路线是粪便资源化的最佳选择。农业应用或土地处理，不仅仅是利用，而且是利用土壤中丰富的生物层，继续进行粪便的深度处理。

2.6 温度对粪便中致病微生物的影响

温度对病原体的存活有重要的影响。表 2-6 的一组试验数据显示，细菌在土壤中可存活 400 天，在排泄物、淤泥中可存活 90 天，在高温堆肥条件下存活 7 天；病毒、原虫和蠕虫在厌氧堆肥条件下的失活时间低于土壤、作物和污水稳定塘。

不同条件下病原体的存活时间（天）   表 2-6

条　件	细菌	病毒	原虫	蠕虫
土　壤	400	175	10	数月
作　物	50	60	……	……
排泄物、淤泥（20～30℃）	90	100	30	数月
高温堆肥（50～60℃）	7	7	7	7
污水稳定塘	20	20	20	20
堆肥（环境温度、厌氧）	60	60	30	数月

还有文章报道，伤寒杆菌在潮湿的土壤里可生存数月，霍乱弧菌在有营养物质存在的条件下可生存 699 天；肠道病毒减少一个对数级（即 90%）在 35℃只要一天，32℃时需 5 天，而在 0℃时减少 5 个对数级（99.999%）需 5 个月。微生物怕高温，表 2-7 列举几种病原体在一定温度下，减少量与时间之间的关系，粪（嗜热）大肠菌群在 55℃减少相同量所需要的时间是 60℃的 3 倍多，粪链球菌的失活情况类似于粪大肠菌群。这些研究表明提高温度可以加快粪便中病原体的失活速率。但是一般情况下，除高温堆肥与外加温外，粪便环境很难产生 50℃以上的高温。我们的试验资料表明，在高温堆肥的条件下，伤寒杆菌 10min、沙门氏菌属 10～20min、大肠杆菌只要 60min 均可达到无害化标准的要求，而蛔虫卵达到无害化的时间相对较长，大概需要一周。

微生物的致死温度与时间 表 2-7

名称	致死温度(℃)	所需时间(min)	名称	致死温度(℃)	所需时间(min)
蛔虫卵	50~55	3	志贺氏菌属	60	10~20
钩虫卵	50	1	霍乱弧菌	55	30
蛲虫卵	50	1	结核杆菌	60	30
鞭虫卵	45	60	炭疽杆菌	50~55	60
血吸虫卵	53	1	布氏杆菌	55	120
大肠杆菌	55	60	猪丹毒杆菌	50	15
沙门氏菌属	56	10~20	猪瘟病毒	50~60	30
伤寒杆菌	66	10	口蹄疫病毒	60	30

2.7 酸碱度对粪便中致病微生物的影响

pH 值即酸碱度对致病微生物影响很大，在自然条件下很少出现高酸、高碱的情况，一般来说偏碱性条件有利于致病微生物的失活，蛔虫卵在 27℃偏酸性条件下发酵 14 天虫卵死亡没有变化，然而粪便保持在偏碱性条件下 10 天可杀灭 100％蛔虫卵。细菌生长的最适 pH 值为 6.5~8.5，pH 值 9 以上死亡加快。在以后的内容我们谈及粪尿分集式厕所的覆盖料选择，实际上也是利用提高 pH 值来杀灭粪便中病原体。

2.8 湿度对粪便中致病微生物的影响

利用湿度条件，减少粪便中致病微生物的数量是应用的一个方法，粪尿分集式生态卫生厕所干燥脱水处理粪便是利用在干燥或低湿度条件下使病原体细胞脱水死亡的原理，比用水冲式系统沉淀减少病原体更有效。通常我们是湿度、温度、pH 值等综合因素一起应用，产生强化的协同作用，低湿(干燥)、低有机物(低养分)和高pH 值(偏碱性)相结合，对病原体的杀灭效果最好。

粪大肠菌菌值 10^{-4} 的标准要求，是一种经济投入与处理效果矛盾的最佳阈值选择，试验研究证明在大肠菌菌值 10^{-5} 时，致病菌的检出率如沙门氏菌属可高达70%～80%以上,而在该条件下即每克粪大肠菌菌值 10^{-4} 或高于 10^{-4} 时,致病菌的检出率仅为10%～20%左右,提高粪大肠菌菌值至 10^{-2} 时致病菌几乎很难检出,但经费投入则需大幅度提高,经济能力无法承受。大肠菌菌值 10^{-4} 的粪便污水在农业应用时,一个月后在土壤表面大肠菌菌值可达 1,即 1g 或 1mL 粪便中才可检出 1 个粪大肠菌。

在干燥的条件下,粪便中的病原体和寄生虫失活速度加快。王俊起等对广西和山西等地粪尿分集式厕所的无害化处理效果研究发现,广西地区存放于粪尿分集式厕所粪坑内的蛔虫,150 天后蛔虫卵死亡率为 95%～97%,山西地区 147 天蛔虫卵死亡率 78%～87%。杨兰等对粪尿分集式生态卫生厕所对猪蛔虫卵的灭活效果研究,同样发现存放于 5 个粪尿分集式厕所粪坑内的猪蛔虫卵,1、2 和 3 个月后平均虫卵存活率分别为 89.66%、63.57% 和 19.42%,6 个月后存活率仅为 1.49%,11 个月后没有检出活虫卵,而对照组虫卵 1 年后存活率仍为 85.39%。这些研究表明干燥的条件有利于对寄生虫卵进行无害化处理。但要严格控制处理条件与处理时间,我国绝大多数地区农村,通过粪尿分集式厕所处理半年后的粪即可应用于农田施肥。

2.9　粪便无害化的卫生、健康、环境效益

粪便无害化可以获得良好的卫生效益、健康效益、环境效益、社会效益。处理后的粪便作为菜田肥料,具有明显的卫生防病效果。有研究表明,经过粪便无害化处理粪便施肥的菜田土壤粪大肠菌污染可减低 51.9%;蛔虫卵、钩蚴污染可分别下降 26.7%、31.6%;蔬菜受粪大肠菌群污染程度明显低于对照区,受沙门氏菌、志贺氏菌、蠕虫卵污染处理区比对照区可分别降低 33.3%、82.1%、33.1%。处理区肠道传染病发病率比对照区两年分别下降 40.7%、60.2%;小学生蠕虫卵感染率比对照区两年分别下降 29.3%、47.6%。

防止蛔虫感染:蛔虫、钩虫虫卵排出人体时不具感染性,只能

在土壤中才能发育为具有传染性的卵，才能感染人，这就给了人们一个用简单的方法控制感染的机会，即避免带活卵的粪便进入土壤。

防止粪便进入水体，等于控制了血吸虫卵的扩散，带有活的血吸虫卵的人、畜粪便，虫卵接触不到水，就不可能生成对钉螺有危害的毛蚴，更不可能再从钉螺体内释放出尾蚴，感染不了人和畜，解决粪便无害化对控制感染血吸虫病危险有明显意义。

人类粪便中产生恶臭的主要化学物质是甲硫醇、硫化氢、酚类、吲哚、氨等等，在粪便厌氧消解的过程中，又不断有硫化氢、氨等气体产生与释放，对此类物质，无害化卫生厕所采取阻断臭气播散的方法，使臭气不向空气中释放，因而闻不到粪便的臭味，减少了人的厌恶感，减少臭气的同时降低了粪便对蚊蝇的吸引力。

潮湿的厕所是蚊、蛆、苍蝇的孳生地。厕所是制造苍蝇、蚊子的最大的繁殖地，如果厕坑潮湿、不密闭，一个厕所每天会有1000多个成蚊出没。粪便的液化，可以吸引蚊子。苍蝇在湿度低于65%的物质上不愿意产卵。

49℃是苍蝇的致死温度。不利于蚊、蛆、苍蝇的孳生，减少传播疾病的媒介生物，传播疾病几率下降，生活环境的质量同时得到改善。

减少了粪便对环境的污染、控制了致病微生物的扩散、降低甚至消除了臭气、降低了蚊蝇密度，提高了疾病防控水平，当然自会取得卫生效益、健康效益、环境效益，即取得了综合的社会效益。

3 三格化粪池厕所

3.1 概 述

3.1.1 发展历程

上个世纪 60~70 年代，全国爱卫办组织农村环境卫生工作队下乡搞"两管""五改"，改厕是重点工作之一，那时讲到改厕，农民兄弟只有一句话"行，你说怎么改"。现如今，农民兄弟变被动为主动，参与改厕的积极性高涨，希望改厕项目工作的实施者，能说出子丑寅卯，才能心服口服。对于三格化粪池厕所，农民兄弟一般有这么几个问题：(1)为什么是"三格"化粪池，两个格、四个格就不行吗？(2)化粪池之间的连接为什么用管而不直接开口，直接开口省工、省料为什么不行？(3)化粪池容积为什么还有要求？(4)冲水量是不是越少越好？其实这些问题在农民兄弟了解了三格化粪池厕所无害化设计的基本原理后，就可全部解决了。

三格化粪池设计的基本卫生学原理包括：(1)中层过粪，沉淀虫卵；(2)食物残渣降解生成农作物可利用的养分；(3)微生物的自然竞争，肠道致病性细菌逐步减少或消亡。粪便在粪池中经过 60 天，完成上述 3 个作用后，大幅度减少了生物性致病因子的数量，达到了我们目前所要求的无害化水平，即不会造成大规模肠道传染病的流行。

经处理后的粪便应该用于农田施肥，充分利用粪便中富含氮、磷、钾，生物有机肥这一资源，进一步利用土壤生物群降解粪便中的微量化学物质，避免粪便中的化学污染物污染环境，通过食品、饮水等再被人摄入。想想看，自家的粪便首先污染自家的环境，粪便的农业利用是利国利民最有利农民兄弟自己的事情，何乐不为？

三格化粪池由三个相互连通、相对密闭的粪池组成，在化粪池中的粪便无害化是复杂的综合作用的结果，粪池越多粪便无害化效果越好，但是建造粪池的造价要高很多，经过研究发现三个格的化粪池才能满足粪便无害化的基本要求，而且造价适当。

粪便由进粪管进入第一池，在水量足够时，粪便块崩解，黏稠的性状变得稀薄，即我们常说的粪便变形、变性，虫卵在这样的条件下才能够自然沉降，含有极少虫卵的中层粪液溢流至第二池；虫卵在第二池的粪液中可以继续沉淀，95%或以上的虫卵可以留在第一池和第二池，第二池的粪液溢流进入第三池。进入第三池的粪液应该达到无害化程度，第三池又称为贮存池。虫卵为什么可以沉淀到贮粪池第一池的底部呢？主要是利用了比重不同的道理，依据测量我们知道人粪尿混合液比重 1.020，厌氧发酵液（沼液）比重 1.005~1.010，而寄生虫卵比重要大一些，如钩虫卵 1.055~1.060、蛔虫卵 1.140，血吸虫卵 1.200。

在三格化粪池的贮粪池中，虫卵的死亡过程是缓慢的，蛔虫卵 60 天存活率还在 70%以上，他们的死亡要半年甚至更长的时间，所以粪渣必须经过高温堆肥处理才能作为肥料使用，否则我们辛辛苦苦的改厕防病效果就会大打折扣。

粪便在第一池原则上需要停留 20 天，第二池停留 10 天，第三池停留 30 天，在这 60 天中，粪便中的食物残渣都可以在微生物的作用下经发酵与消化，逐渐变成农作物可以利用的小分子营养物。蛋白性有机物，可分解产生氨等物质，化粪池的环境不适合肠道致病菌一类的微生物生活，大量的自然环境中的微生物可以充分生长，由于生物拮抗等作用，肠道致病菌逐步减少、消亡，少量的肠道致病菌对人群的影响已经降至最小，肠道致病菌全部死亡需要的时间很长，同时农业应用可以进一步地去除肠道致病菌。

第一池中的粪便膨胀变松散，食物纤维浮升形成粪皮，比重大的下沉构成粪渣，寄生虫卵大量沉降于化粪池底部的渣中，少部分可以存于粪皮中，虫卵的生存能力很强，清出的粪渣要进行高温堆肥处理。

3.1.2 组成

三格化粪池厕所顾名思义，这种厕所的贮粪池有三个池，由于粪便在贮粪池中变形变性，在建筑部门称贮粪池为化粪池，此名延续使用不止数十年，群众知会已久。完整的三格化粪池厕所由地下部分的三格化粪池、地上部分的厕屋、排气管、上下连接的蹲踏板、便器及冲水装置等部分组成，见图 3-1。

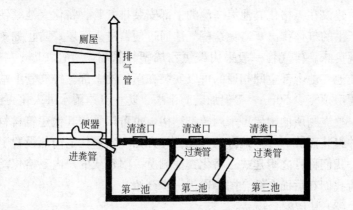

图 3-1　三格化粪池厕所结构示意图

（1）地下贮粪池（三池二管）

三格化粪池厕所贮粪池，由三个大小不同的化粪池即第一、第二、第三池和两根过粪管组成。

对贮粪池的要求是不渗不漏；第一池与第二、第三池容积比例原则依次为 2：1：3，第二池的宽度不足 50cm 时，可加大至 50cm；户厕贮粪池的有效深度 100cm～120cm；贮粪池上沿高出地平 10cm 左右。第一、二格之间通过 1 号过粪管连通，第二、三池通过 2 号过粪管连通，过粪管一般采用聚氯乙烯塑料管材，直径 10cm 以上。

（2）便器、盖板、清渣口（出粪口）、排气管

该厕所的便器一般采用陶瓷便器，便器下口通过排粪管与化粪池第一池连通，要求排粪管光滑、坚固，方便粪便流入贮粪池，排粪管应有大于 1/5 的坡度。

为了便器清洁，便器设置了冲水装置或设备，如节水型高压冲水器或水桶、水舀等。为控制臭气从贮粪池进入厕屋，便器应设置水封装置。

三格化粪池的池盖板厚度，应满足施工图纸的要求，并均应设置清渣口（出粪口），大小应方便清渣与维护修理，池口平时应该用建造严密合适的池盖盖好，应防止儿童搬动池盖，池口要考虑安全，防止人员落入贮粪池。

建议在三格化粪池第一池的上部安装排气管，将化粪池粪便发酵产生的气体排出，避免这些气体通过便器进入厕屋，防止如厕时出现臭味。排气管一般采用聚氯乙烯塑料管材，直径 10cm 左右。化粪池三池上部空间相通的可以安装在第二池上部。排气管上端高于厕房顶至少 50cm，提倡加装防雨帽，防止夏季雨水进入化粪池。

独立厕所的厕屋可采用砖砌结构，也可以采用其他建筑材料预制件组装而成。一些地区的农民已经开始在农户住宅内部设置了厕屋，我们称呼之附建式三格化粪池厕所。附建式的户内三格化粪池厕所我们在后面会结合图片作进一步介绍。

（3）其他配套物品

为方便管理与提高户厕的卫生状况，农村户厕中还要有一些配套的物品，如卫生纸、存放用过手纸的纸篓，没有上水需要有存放冲厕所用水的水桶、舀水用的水瓢等，打扫卫生用具扫把等。

3.2 适用地区与技术局限性

三格化粪池厕所是我国应用最广泛的厕所模式，几乎遍布每一个省市。在极端缺水的干旱地区、冰冻期较长的高寒地区，由于用水与防冻方面的困难，推广应用受到限制。

三格化粪池厕所第一池中，由于虫卵沉淀至池底与粪颗粒物形成粪渣，或与粪纤维漂浮构成粪皮，粪皮与粪渣含有高浓度活肠道寄生虫卵，在需要清池时，对清理出的粪皮、粪渣，必须经高温堆肥的处理，才能农业应用，直接应用未经处理的粪皮、粪渣或随意丢弃，依然对人的健康具有潜在危险。

3.3 砖砌三格化粪池厕所

户厕-1：砖砌三格化粪池厕所

3.3.1 设计

1. 选址

说起三格化粪池厕所，虽然不是高楼大厦，但修建前总得先想一想在哪儿建？建什么样的？用多少钱来建？工程虽然不庞大，这也叫规划设计。

所谓选型，是要考虑厕池选择砖混砌筑还是购买预制型化粪池；便器选择直通的还是水封式的；厕屋砖混砌筑还是预制型组合结构等；地处北方冬季寒冷地区，拟建的三格化粪池，应选择防冻型，即结合当地冬季冻土厚度，计算化粪池施工深度。北方冬季寒冷地区在选型上，应尽可能考虑户内厕所的模式。

三格化粪池厕所选址，厕所要建造在农户室内或院内，尽可能离居室近一些，方便使用和管理。

任何地方建造厕所，在选址时应考虑与水源、水井保持一定的距离，严禁未经处理的粪便或三格化粪池处理后的粪便污水排入水体，在血吸虫病流行地区、肠道传染病高发地区一定更要严加防范。

厕屋可利用房屋、仓库围墙等原有墙体，以降低造价。入户厕室应尽量靠近贮粪池，距离过大、坡度不足、排粪管过长，容易使粪便在排粪管存留，造成排粪管过粪不畅或堵塞。为避免粪便的存留与堵塞，可能增加冲洗粪便的用水量，加重贮粪池的容积负担。

化粪池第三格应选方便粪肥的清掏，但不要选在车辆经常行走的位置，避免池体受重过大被压垮塌。

2. 三格化粪池的有效容积

什么是三格化粪池的有效容积呢？这个有效容积是指，粪便无害化处理运行过程可以利用的容积，即除去三格化粪池无法利用的空间部分后的粪便最大容量，基本是三格化粪池过粪管上口端水平线以下部分的容积。确定有效容积应首先确定贮粪池底到过粪管上口端深度，依据经验最为经济的深度为1m～1.2m。过去有一个传播极广的计算公式，按每人每天的粪尿排泄量，加上少量冲洗厕所用水在内，依每人每天3.5L计算，粪便在第一、第二池的贮存时间按30天计算，其中在第一池停留20天，第二池停留10天，第三格容积为一、二池之和。因此计算出三格化粪池的有效容积，每池有效容积（m³）＝（粪尿及冲水量/日人×使用人数×天数）/1000，举例设计一个4口之家的三格化粪池厕所是什么样的哪？

第一池有效容积＝（3.5升/日×4人×20日）/1000＝0.28m³；第二池有效容积＝（3.5升/日×4人×10日）/1000＝0.14m³；第三池有效容积为第一、二池之和，即0.42m³；三池容积之和为0.84m³。按照这样公式建造的三格化粪池厕所的贮粪池无法发挥正常的功能，徒劳无益。今后在农村公厕的设计中，可以参考上述公式，户厕建造就不要再使用这个公式了。我们不要这么麻烦地按公式计算，建造三格化粪池厕所贮粪池最小容积1.5m³，第二池不足0.5m³，可以加大至0.5m³，三个池的容积分别为0.5m³、0.5m³、0.75m³，整个池的容积为1.75m³。

3. 第一、二、三池的容积比例

上面的说法打破了第一、二、三池2∶1∶3的比例的原则要求，变成了2∶2∶3了，这样比例的变化，可能产生什么样的影响哪？这样的变化使粪便在第二池的停留时间延长了5天，不会对粪便无害化处理效果产生不良影响，仅给予施工提供了便利，这是多年来各地提出广泛建议基础上作出的修订，只要我们适当调整从第三池的出粪时间，即可在不影响粪便无害化效果的条件下，满足应用管理规范要求。第一、二、三池2∶1∶3比例的原则，在修建较大的三格化粪池时依然应该遵循。

4. 贮粪池"目"字形和"品"字形结构

三格化粪池三池的分布一般如图3-2所示为"目"字形结构，

所谓目字形是因为第一、二、三池排列的形状像横放的"目"字而得名。从目字形三格池俯视示意图可以看到,这种三格化粪池的进粪管与两个过粪管的安装位置是错开的,这样排列的目的是更好地保证粪便流程的均衡效果。"目"字形结构是三格化粪池应用最多的一种形式。因为这种结构布局规整、砌筑简单、池体盖板较短、清粪口和清渣口易于查找,因而应用的最为普遍。

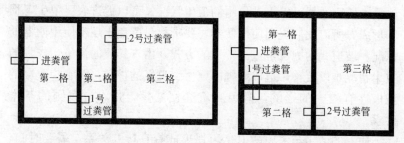

图 3-2 目字形(左)和品字形(右)三格化粪池厕所俯视示意图

那么三格池可以不是"目"字形排列吗?只要符合前面讲过的三格化粪池基本原理,在地形条件、施工条件等受限的情况下,可以改变三格排列形式。例如"品"字形排列,"品"字形三格化粪池的进粪管与两个过粪管的安装位置也是错开的,同样也保证了粪便流程的均衡效果。

5. 过粪管设置

过粪管的形状与安装密切相关,通常应用的形式有两种,"/"形与倒"L"形。不要安装"U"管等形式的过粪管。从示意图中可以看到,"/"形与倒"L"形过粪管是在第一池与第二池、第二池与第三池之间的隔墙上安装的粪便溢流装置。由于过粪管的管型不同,安装要求也略有不同。

共同点:第一池与第二池间的过粪管下端口设在第一格有效容积高度 1/3 处,另一端口距池上沿 10cm~15cm;第二、三池之间过粪管,下端口位于第二格有效容积高度 1/3~1/2 处,另一端口距池上沿同样为 10cm~15cm。

不同点:"/"形过粪管要求与墙壁间的夹角 30°(以往要求 60°,实际应该是 150°的外夹角),在建造过程中非常麻烦,多地建议改良，逐渐有用倒"L"形过粪管替代的趋势。倒"L"形过粪管要求将过粪管下口切成斜坡状，避免平口。此种形式的过粪管进出口高度与"/"形直管斜插形式完全相同，过粪管上端需增加一个同口径的弯头。

6. 安装便器

有的地方由于运输困难等因素制约不使用便器，对此我们的看法是，使用便器可以提升户厕的卫生状况，可以促进农民卫生习惯的形成，所以我们提倡使用便器，要求尽量避免出现不使用便器的情况。坡道式的厕坑是过去常用的方式，由于粪便的裸露，农户的卫生状况难以改善，造成蚊蝇的孳生、臭气的扩散，对农户改厕的积极性有较大的影响，避免厕坑粪便暴露，是农村改厕的基本要求。

便器的使用与农民的卫生习惯形成有直接的关系，需要时间，也需要一步一步的提升过程，为避免水冲得不及时或用水量的经验不足造成便器的阻塞，可以首先采用直通式便器，逐步过渡到带水封的便器。

3.3.2 建造

1. 施工前准备和备料

按照设计方案要求，做好施工人员的技术培训；通知建厕农户准备好施工场地，备足施工材料沙、石、水泥、砖、门窗、排粪管、过粪管、排气管；施工人员备好施工工具，如砖刀、大小灰板、卷尺、水平仪、刷子、浇水泥用的模板等。

2. 放样和挖坑

根据设计方案选好的化粪池位置，确定形状和池子的大小，按照三格化粪池容积和各池长度量好尺寸，撒上石灰线。放线时应留出砖砌余地，一般每条边放出5cm。放线以后，挖坑时注意深度，一般为贮粪池有效深度加池底铺垫厚度，一般不少于1.2m。如属北方地区，确定深度应超过当地冬季冻土层。

3. 池底的处理

底层整理平整后夯实，先铺5cm碎石垫层，上浇8cm厚混凝土，混凝土强度等级为 C15，特殊高地下水位地区应按当地建筑物防水要求处理。

4. 砌化粪池与过粪管安装

按化粪池的尺寸砌周边墙体与分格墙，分格墙砌到一定高度时，及时安装过粪管，抹好水泥再继续砌墙。过粪管的安装，按照前述位置与技术要求施工。

5. 化粪池抹面

贮粪池内壁采用 1：3 水泥砂浆打底，再用 1：2 水泥砂浆抹面 2 次，抹面要求密实、光滑。抹面的厚度为每次 1cm 为宜。

6. 化粪池盖板的预制与安装

化粪池的池盖全部为钢筋混凝土盖板，厚度不少于 5cm。第一池在厕屋内的盖板要留出放置便器的口和清掏粪渣的口；第二池的盖板也要留出一个口，便于清渣和疏通过粪管；第三池盖板要留出出粪口，每个口都要预制小盖。安装大盖板时要用水泥沙浆密封、口盖要盖严，防止雨水流入。

7. 安装进粪管、排气管和便器

将进粪管，从第一池盖板人口中插入粪池，并固定在盖板上，进粪管附设隔味水封的同时安装连接到位，注意连接件抹胶粘紧。将蹲(坐)便器入口套在进粪管上，固定便器，便器与踏脚板密封，为换取便器方便可不做永久性密封。以便器下口中心为基础，距后墙 35cm，距边墙 40cm。便器高低视坡度需要而定，必要时用砖加高。带冲水装置的便器，需将便器与冲水器的连接管装好固定。

排气管直径 10cm，长度为超出预定厕房顶部 50cm 以上，下口固定在第一池池盖预留孔处，待厕房盖好后固定上端。

8. 地面的处理

化粪池应高于周围地面 10cm 左右，防止雨水流入。化粪池周围松土要夯实；厕内地面要进行硬化处理，用 1：3 水泥砂浆打底，再用 1：2 水泥砂浆抹面，有利于清洗和保持清洁。不要求农户给室外厕所地面铺贴瓷砖，铺贴瓷砖虽然美观，但雨雪天气时瓷砖较滑、容易沾染泥土，不适合农村应用。

9. 厕屋

独立构筑厕所的厕屋面积要大于 1.2m²，高度不少于 2m，砌筑、抹面、可贴瓷砖墙裙，屋顶预制盖板需轻体，固定排气管上端。厕屋顶在预制板安装后应做防水处理。

安装门窗，需透气采光，有防蚊蝇纱。

厕所内应设置洗手设施，尽量设置小便器。其管道可与贮粪池连通。

3.3.3 验收

验收检查要关注设计、建造、应用、管理四个方面，简单地说包括：

（1）选址是否合理；

（2）排粪管的角度、长度、位置与管径；如果是粪坑滑道要看长度、光滑度等；

（3）过粪管的角度、长度、位置与管径；

（4）贮粪池的容积、比例、深度、有无防渗透处理；

（5）贮粪池有无盖板、盖板上有无取粪口、是否方便维护管理；

（6）有没有安装排气管、高度、排气是否通畅（尽量不要有拐弯，尤其是底部）；

（7）厕屋（气味、便器位置、门窗、清洁用具）；

（8）厕所是否按要求使用管理：便器清洁度、用水量、厕纸、清掏、第三池的处理效果等。

3.3.4 管理

1. 启动

三格化粪池在启用时，首先要在第一池加水，水量加至没过过粪管下口端位置。当粪便通过便器、排粪管进入化粪池第一池后，粪便在水中崩解变形变性，粪便中的食物纤维浮升形成粪皮，比重大的下沉构成粪渣，寄生虫卵在粪便松散分解状态下自然沉降，通常沉降于化粪池底部的粪渣中，少部分可以存于粪皮中。粪便在第一池停留20天以上，形成上层漂浮的粪皮、中层粪液和下层的粪渣。分层后含有极少寄生虫卵的中层粪液经过粪管溢流至第二池，寄生虫卵在第二池的粪液中可以继续沉降。粪便在第二池停留10

天以上，第二池的粪液经过过粪管溢流进入第三池。这样，95％以上的寄生虫卵可以沉降在第一池和第二池。进入第三池的粪液停留30天左右，第三池是取粪（肥）池。粪便从第一池到第三池的整个流程在60天，除了实现寄生虫卵沉降外，化粪池环境处于相对封闭状态，粪便贮存发酵过程不适合肠道致病微生物存活，危害人类健康的肠道致病菌逐步减少、消亡。因此，粪便经过三格化粪池流程后，完成了寄生虫卵沉降和肠道致病菌去除目标，实现了无害化处理效果。另外，三格化粪池中粪便中的食物残渣在微生物的作用下经发酵与消化，逐渐变成农作物可以利用的小分子营养物，使三格化粪池处理后的粪便成为优质的农家肥。

需要说明的是，粪皮与沉渣中寄生虫卵的生存能力很强，三格化粪池定期清出的粪皮、粪渣要进行高温堆肥或其他无害化处理，确保寄生虫卵的死亡。

通过以上的介绍，您觉得这种三格化粪池厕所怎么样？使用过三格化粪池厕所的农民朋友对它的评价是不错的。

2. 日常管理

三格化粪池厕所是应用范围最为广泛的一种厕所模式，在日常管理方面各地均有许多经验，本文仅就主要的注意点，提出如下建议。

厕所建好以后，是不是马上就能使用了呢？如果不是的话，要做哪些准备工作呢？下面就说明一下。首先是化粪池建好后，应先试水，观察池子是否有渗漏。如有渗漏，必须修补至不渗漏为止。前面说过，三格化粪池是不允许有渗漏现象的。渗漏检查方法，各池加满水，观察水位线，经过24小时后水位下降不超过1‰才符合要求。

另外，三格化粪池厕所启用后应加强管理。由于化粪池容积较小，每次便后不可大量冲水，以免因粪便在第一、二池贮存时间过短，达不到无害化要求，用水量也不可过少，粪便不能完全通过排粪管进入贮粪池，造成粪便的滞留，久而久之排粪管不能通畅，厕所臭气重而且无法使粪便无害化。卫生纸及其他杂物不要扔入便池，以免堵塞进粪管和过粪管。家中洗衣、洗澡等生活污水一般不要排入三格池内，以免影响粪便无害化处理效果。

化粪池清渣时间视使用管理情况而定，一般1～2年清渣一次。清除的粪渣要经高温堆肥、沼气发酵或使用药物处理。用肥时，必须从第三池取粪液，不能从第二池或第一池直接取粪。

便后用水冲洗，用水量2～3瓢（1～2L）；使用冲水量不宜少于1升，不宜使用坐便器水箱防止用水量过多。

应在第三池清掏粪液，注意及时清掏；鼓励清掏粪液的农业应用。

猪、牛等牲畜粪便不要排入化粪池；洗浴等生活污水不要排入化粪池。

3.3.5 造价参考表

现在，我们来计算一下建造一座独立式砖砌三格化粪池厕所所需材料的品种、数量和价格，做一个原材料预算。材料预算费用加上人工费用，就形成了厕所的造价，如表3-1供大家参考。需要说明的是，这些原材料价格波动性较大，仅供参考。

独立式砖砌三格化粪池厕所造价参考表　　　表 3-1

材料	单位	数量	参考单价（元）	参考价格（元）
砖	块	1600	0.3	480
水泥	袋	12	20.00	240.00
砂石	m³	1	80.00	80.00
钢筋 $\phi6～\phi8$	kg	7	2.00	14.00
蹲便器	套	1	40.00	40.00
脚踏冲水器	套	1	120.00	120.00
厕所门	扇	1	80.00	80.00
聚氯乙烯管材	m	6	10.00	60.00
弯头及风帽	套	1	10.00	10.00
人工费（平均）	日	4	50.00	200.00
其他费用	—	—	—	50.00
合计				1374.00

注：表中脚踏冲水器的选择可根据实际需要确定是否采用。

3.3.6 施工简图

（1）放线：确定厕所与化粪池的位置，钉桩、撒石灰标线。增加池容量，仅需相应延长长边即可，见图3-3。

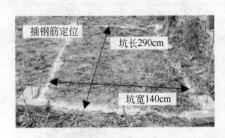

图3-3 放线和挖坑

（2）挖坑：挖坑注意深度、底平、壁直，见图3-3。

（3）底板施工：直接混凝土铺浇（水泥：沙：石比1：3：6），厚度7cm左右，抹平、稍许压光；可铺一层旧砖，在旧砖上铺浇混凝土。

（4）砌池：错缝半砖墙，见图3-4、图3-5。

四角盘角起砌，整池内净宽102cm

随砌随检查墙体垂直度

拉准线控制墙体平整度

内隔墙与外墙要同时砌筑

图3-4 砌池

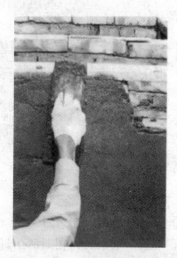

图 3-5　抹平和转角弧形相接

（5）过粪管安装，见图 3-6、图 3-7。

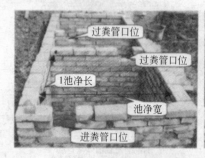

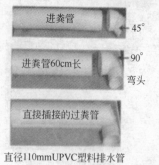

图 3-6　过粪管安装

用碎砖塞紧过粪管

用水泥砂浆填实弯头
出口处修平整

装好的过粪管

图 3-7　过粪管安装

（6）贮粪池盖板与活动盖的制造，见图 3-8、图 3-9。

浇池盖及活动盖

顶端铺水泥沙浆后安放盖板

砂浆沟缝及盖板放好全图

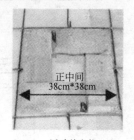
活动盖定位

图 3-8　贮粪池盖板的制造

（7）安装便器，见图 3-10。

（8）检查验收，见图 3-11。

四边倒角　　　　修整倒角　　　　留好提把孔　　　垫纸浇活动盖

图 3-9　贮粪池活动盖的制造

蹲便器安装示意　　　　　　　　验收　　　　　　水盖住过粪管下端

图 3-10　便器的安装　　　　　　　图 3-11　检查和验收

3.3.7　施工图纸

见图 3-12~图 3-15。

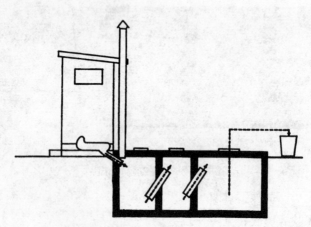

图 3-12　三格化粪池厕所工艺流程示意图

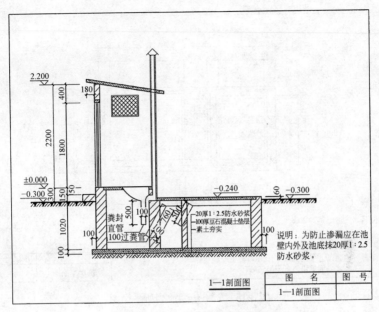

图 3-13　三格化粪池厕所剖面图

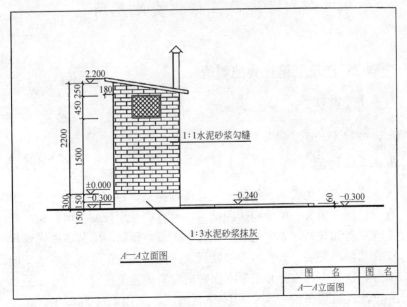

图 3-14　三格化粪池厕所立面图

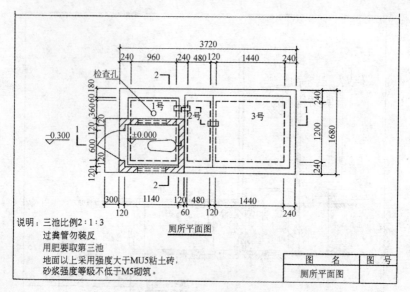

图 3-15　三格化粪池厕所平面图

3.4　浇筑三格化粪池厕所

户厕-2：浇筑三格化粪池厕所

3.4.1　设计

同 3.3.1。

3.4.2　建造

浇筑三格化粪池厕所的施工与砖砌相比，在三格化粪池施工上有所区别。厕房一般采用砖砌结构，也有的采用预制板房结构。施工前准备和备料、放样挖坑、化粪池盖板的预制与安装、进粪管排气管和便器安装、厕室地面的处理及砖砌厕房施工等要求基本相同部分，这里不再重复介绍。下面介绍贮粪池施工。

池底整理平整夯实后，铺碎石垫层，采用 C15 混凝土，先浇筑混凝土池底，再按化粪池三格尺寸固定好模板，浇筑混凝土池壁，厚度一般为 5cm，水泥强度要符合要求。浇筑完成后，用湿草帘覆盖，维护固化 2 天以上的时间，待混凝土完全凝固后方可拆除模板。过粪管安装可采用直接固定池壁浇筑一次性完成，也可先预留插孔二次安装完成。

预制板房结构的厕屋一般为组装式预制件，有彩板复合材料、水泥或改性水泥材料等多种预制件。施工时，在便器安装完毕后地面抹灰同时，按厕屋安装尺寸做好基础。然后在基础上安装预制组合式厕屋，厕屋安装完毕后，将排气管上端固定好。

3.4.3　验收

同 3.3.3。

3.4.4　管理

同 3.3.4。

3.4.5　造价参考表

独立式浇筑厕池、砖砌厕屋工程造价参考表如表 3-2。

独立式浇筑厕池、砖砌厕屋工程造价参考表　　　　　表 3-2

材料	单位	数量	参考单价(元)	参考价格(元)
砖	块	600	0.3	180
水泥	袋	15	20.00	300.00
砂石	m³	1.5	80.00	120.00
钢筋 φ6~φ8	kg	10	2.00	20.00
蹲便器	套	1	40.00	40.00
脚踏冲水器	套	1	120.00	120.00
厕所门	扇	1	80.00	80.00
聚氯乙烯管材	m	6	10.00	60.00
弯头及风帽	套	1	10.00	10.00
人工费(平均)	日	4	50.00	200.00
其他费用	—			150.00
合计				1280.00

注：1. 表中脚踏冲水器的选择可根据实际需要确定是否采用；

2. 其他费用中包含制作模具折合的费用。

3.4.6　施工简图

同 3.3.6。

3.4.7　施工图纸

同 3.3.7。

3.5　预制三格化粪池厕所

户厕-3：预制三格化粪池厕所

3.5.1　设计

同 3.3.1。

3.5.2　建造

预制三格化粪池厕所一般是由预制化粪池和预制厕屋组成。这种厕所施工的最大特点是基本不用摆砖抹灰（只是在便器安装和厕屋基础施工时有一点），而且施工工期很短。挖好池坑、整理平坦夯实后，即可将预制化粪池放入坑内，开始坑土回填。回填时应先将清粪口盖板、清渣口盖板、进粪管和排气管等固定装好。夯实厕屋基础部分回填土，安放留有便器安装口的预制板，然后安装便器（及冲水装置）。在抹地面的同时，将预制房基础做好，最后安装组合式预制厕屋。

3.5.3　验收

同 3.3.3。

3.5.4　管理

同 3.3.4。

3.5.5 造价参考表

独立式预制厕池、厕屋工程造价参考表如表3-3。

独立式预制厕池、厕屋工程造价参考表　　　　表 3-3

材料	单位	用量	单价(元)	参考价格(元)
预制贮粪池	套	1	420.00	420.00
预制厕屋	套	1	300.00	300.00
蹲便器	套	1	40.00	40.00
脚踏冲水器	套	1	120.00	120.00
聚氯乙烯管材	m	4	10.00	40.00
弯头及风帽	套	1	10.00	10.00
辅助水泥砖砂石				60.00
安装人工费	日	2	50.00	100.00
其他费用	—	—	—	50.00
合计				1140.00

注：表中脚踏冲水器的选择可根据实际需要确定是否采用。

3.5.6 施工简图

同 3.3.6。

3.5.7 施工图纸

同 3.3.7。

3.6　户内型三格化粪池厕所

户厕-4：户内型三格化粪池厕所

施工时需要将排粪管穿墙连通化粪池的第一池。排粪管的施工十分关键，选择直径为 10cm 左右的聚氯乙烯管材作为排粪管，认真计算化粪池和便器高度和距离，满足 1/5 的坡度基本要求，化粪池与便器应尽可能减少距离，缩短排粪管的长度，保持粪便从排粪管进入化粪池顺畅。特别需要说明的是，排粪管必须要安装隔味水封，保证厕室防臭效果。同时，化粪池排气管的口径及高度也必须符合技术要求。

在新建房修建厕所，可以将排粪管直接砌筑于房屋基础墙壁上，排粪管下端连接一个45°弯头，排粪管上端连接一个45°弯头，弯头另一端与便器口对接；或90°弯头，弯头另一端再连接一小段锯成斜面的短管，形成图3-13中所示的隔味水封。需要特别指出的是，各连接部位一定要抹胶密封固定，防止水封渗水影响隔味效果。如果是在已建房屋建厕所，需要按设计位置将房屋基础墙壁钻孔穿管，然后按前面所述完成后续安装。户内厕室可以利用农户住宅现有的两面墙，再用砖砌或铝合金、塑钢等隔段形成另两面墙及厕门即可。便器冲水装置应在便器施工时同时安装。前面曾提到过，由于三格化粪池容积有限，便器冲水装置必须是节水型。

其他内容同3.3。

3.7　北方三格化粪池厕所

户厕-5：北方三格化粪池厕所

北方三格化粪池厕所，一看这种提法，广大读者不仅要问，三格化粪池厕所为什么会出现南北地域的差异呢？其实最主要的就是温度差异。三格化粪池厕所无论是粪便在整个流程中的无害化处理，还是便器清理的水冲洗需求，都要受环境温度的影响。我国北方地区冬季寒冷，如果把南方地区使用的三格化粪池厕所类型直接应用，就会出现三格化粪池内粪液结冰、过粪管冻裂、便器冻结、冲水设施冬季无法使用的问题。

为了解决这个问题，北方地区在改厕工作实践中开发了北方三格化粪池厕所。具体做法是：独立式户厕，在施工时增加三格化粪池深度，使三格池中的粪液处于本地区冬季冻层以下，解决了化粪池越冬问题；采用盖板上面添加稻草覆盖层、回填土覆盖层等方法保持贮粪池内温度的措施。采用附建式户厕，不仅解决了便器冲水设施的越冬问题，同时使用者上厕所更加方便了，可谓一举两得。

北方三格化粪池厕所由于冬季需要采取保温措施，因此工程造价也会有所不同，将增加工程造价 20%～30%。

如果采用户内附建式三格化粪池厕所类型，相对降低了厕屋部分工程造价，总体上相对户外独立式三格化粪池将降低工程造价 10%～20%。

其他内容同 3.3。

3.8 三格化粪池加人工小湿地

户厕-6：三格化粪池加人工小湿地

3.8.1 概述

三格化粪池厕所加人工小湿地，是三格化粪池无害化卫生户厕的一种发展类型。粪便经过三格化粪池的处理，寄生虫卵和病原微生物得到了有效的去除，达到了农业施肥的粪便无害化卫生标准要求。但我们目前所说的无害化仅是生物致病因子的无害化，粪液中仍然含有丰富的化学物质，例如大家熟知的钾、氮、磷等促进植物生长的营养物质，施放到农田中是很好的农肥，可以促进农作物增产，节省化肥支出，改善土壤的性能。但是在经济发展的过程中，一些地区农民的生活方式逐渐城市化，污水处理系统也不可能完全覆盖如此广大的农村地区；思想意识方面人们不再看重生物粪便类有机肥的应用，甚至厌烦清掏工作；同时也存在客观困难如家中的主要劳动力进入工厂或外出务工，留守家中务农的主要是妇女、老人，传统的施用有机粪肥的方式，被更加轻松的施用化肥方式替代。在短期内解决污水处理场的建设，改变村民的认识与需求，都是难以做到的。一些地区的人们把"无害化"的第三格的化粪池流出的粪液直接排放到环境中，这样带来了一个严重的问题。这样做的后果是，含有大量化学营养物的粪便污水使沟塘水中的水生植物过度生长，消耗水中大量的氧，导致藻类疯长、鱼类死亡、水体发臭，成为臭沟臭水坑。2007 年 5 月发生的无锡太湖蓝藻事件，过量的生活污水排放是原因之一。为了解决这个问题，人们想到了具有降解污染物、净化水质功能的湿地。在湿地的提示下人们对三格化粪池进行了改造，即在三格化粪池基础上再加一个人工湿地处理系统，如图 3-16 和图 3-17 所示。这种三格池＋人工小湿地的形式，称为生态式户厕或四格池厕所，我们希望该模式成为三格式无害化卫生户厕的一种发展类型。

图 3-16　人工湿地外部结构图

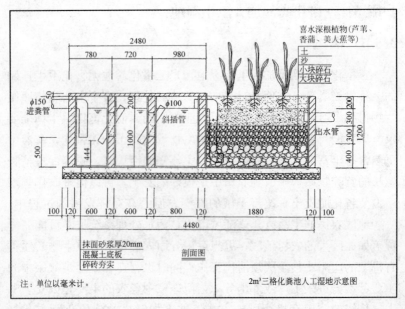

图 3-17　人工湿地工艺流程图

　　什么叫湿地呢？湿地就是一种介于陆地和水域之间的生态系统，一般认为自然湿地是指海洋和内陆之外，常年有浅层积水或土壤过湿的地段。湿地的基本构成是积水、土壤、植物、微生物，它具有丰富的陆地和水生动植物资源，是世界上生物种类最丰富的自然生态系统。独特的生态环境使湿地具有很强的降低污染的能力，许多自然湿地生长的湿地植物、微生物通过物理过滤、生物吸收和化学合成与分解等把人类排入湿地的有毒有害物质转化为无毒无害甚至有益的物质，在湿地可承受的条件下甚至可把导致人类致癌的化工原料等，被湿地吸收和转化，天然湿地在降解污染和净化水质上的强大功能使其被誉为"地球之肾"。

人工小湿地是在三格化粪池的基础上，增加一个模拟和强化自然湿地功能，将粪便污水有控制地排放到填充了湿润的土壤或填料的第四格，在表层种植芦苇、香蒲或美人蕉等耐水植物，污水在第四格的湿地中沿一定方向流动，通过湿地土壤或填料的过滤、吸附；湿地的微生物分解有机物(蛋白质、脂肪等)；湿地的植物在其根、茎、叶中吸收、利用、富集氮、磷、钾等营养物质和重金属等有害物质，通过湿地原生动物、植物、微生物的协同净化作用，达到进一步改善排放粪便污水的水质，减少环境负荷的目的。

3.8.2 适用地区

人口密度大而农田少，粪便有机肥难以充分利用的地区。

3.8.3 技术特点与适用情况

(1) 简单：人工湿地技术最大的优点在于其简单性，工艺、构造、施工、运行管理均简单，特别适合于广大农村地区缺乏专业技术管理人员的特点。

(2) 造价低：户均造价约 1000~1500 元。

(3) 运行费用：人工湿地利用地势自流，避免动力提升，节省运行能耗。

(4) 占地要求低：三格池＋人工湿地对占地无特殊要求，对农户分散的地区可以分建，对于集中的地区可以合建。

(5) 美化农村环境：人工湿地可与小区绿化有机结合，栽种观赏植物，成为农民居住区的景观。

(6) 解决了农村生活污水的出路：三格池＋人工湿地处理系统，不但对粪便进行了无害化处理，而且将农户生活污水和三格化粪池出水合并进入湿地进行处理，解决了农村生活污水的出路问题。

(7) 有效净化出水水质：据江苏省血防所监测结果表明：三格＋人工湿地处理系统，基本达到《污染综合排放标准》三级标准。但从安全，环保的角度考虑，应将人工小湿地处理后的出水排放到土壤中，让土壤进一步发挥自净作用，对改善农村生态环境将更具有积极意义。

3.8.4 技术局限性

监测结果显示，人工湿地除氮效果明显，部分人工小湿地达不到直接的排放要求。不同地区人工小湿地能承受的负荷没有充分的科学依据，仅能试点，不宜大面积推广。

由于大部分植物冬季枯萎，其吸收营养能力减弱，水处理效果比其他季节差。每年冬季过后，需要对枯萎植物及时修复和补充。

3.8.5 标准与做法

三格化粪池厕所加人工小湿地是在三格化粪池贮粪池的第三池后，再接一个池，构建人工小湿地系统，即由第四格池、湿地填料（土壤、砂砾）、湿地植物等组成。三格化粪池贮粪池的建造与要求在前述章节中已经阐述清楚。生活污水不能进入三格化粪池，一定要与三格化粪池的出水汇合，排入第四格的人工小湿地。农民兄弟一定还会问：人工小湿地的池建多大合适呢？填料填什么？植物如何选？依据我们目前的经验，给出一些建议仅供参考。

1. 第四格池即人工小湿地的大小

人工小湿地的第一位作用由贮粪转变为粪液中氮磷钾化学成分的利用，也有一定的降解化学物质的作用。人工湿地建得大、湿地内部回流距离长、生物种群丰富，肯定效果好，但越完美造价也越高，故按照一般建设的原则，即经济付出与满足最大处理要求的统一。

有关资料介绍，人工湿地处理污水的能力为每平方米每天处理 $0.24 \sim 0.3 m^3$，污水在人工湿地停留 26 小时以上，才能达到比较满意的处理效果。按此测算，一个农村 4 口之家，每人每天排污量为 80L，湿地面积应为 $1m^2$。

据经验介绍该池的深度可选择与前三个池同样 $1.1\sim1.2m$；容积约为 $1\sim2m^3$，经济条件许可的地方，建议尽量采用 $2m^3$。池型可选方形或长方形。

2. 填料

填料分为四层：由底层开始依次为大块碎石、小块碎石、砂子、土壤；层高分别为 40cm、30cm、30cm、20cm。也有选择塑料球状、片状等表面积大的填充物。其目的使其形成生物膜。

3. 植物的选择

植物要选本地品种，具有耐水、耐寒、根系发达、多年生植物，兼顾观赏性、经济性。选择外地品种时要避免生物入侵的危害。目前常用的有芦苇、香蒲、菖蒲、美人蕉、风车草、水竹、水葱、大米草、鸢尾、蕨草、灯芯草、再力花等。水芹、空心菜已试用于湿地，显示较好效果，种植菜蔬是否可以食用须经检测结果的确认。栽种方法视植物而定，一般每平方米 $8\sim10$ 穴，每穴栽 $2\sim3$ 株。亦可控制行距 10cm 左右，蔸距 15cm 左右。

据资料介绍，香根草是一种特别适合栽种于湿地的处理污水的植物，它具有旱生和水生特点，可耐高温 55℃，也可抗 -15.9℃的低温（地上部枯死，地下部存活）、耐盐、耐强碱、耐重金属，香根草根系发达紧密，它具有较强的拦截悬浮物，吸附、吸收氮、磷、有机物能力。目前江苏已有如皋、靖江两地试用香根草（栽种方式为棵距 $30\sim40cm$，每棵 $8\sim10$ 株），宜兴市选用了美人蕉，溧阳市选用了麦冬草和美人蕉两种植物混栽的方式，这样夏天有美丽的美人蕉点缀环境，冬天有长青的麦冬草带来生机。

3.8.6 维护与管理

（1）人工湿地植物栽种初期的管理主要保证其成活率。湿地植物栽种最好在春季，植物容易成活。冬季应做好防冻措施，夏季应做好遮阳防晒。总之要根据实际情况采取措施确保栽种的植物能成活。

（2）控水。植物栽种初期为了使植物的根扎得比较深，需要通过控制湿地的水位，促使植物根茎向下生长。

（3）做好日常护理防止其他杂草滋生和及时清除枯枝落叶，防止腐烂污染。

（4）暴风雨后，湿地床上植物发生歪倒，要及时扶培，排除积水。

（5）对不耐寒的植物在冬季来临之前要做好防冻措施。

（6）禁止农药、一些化学药剂、杀菌剂、有毒化工材料（装潢用的油漆等）及其难腐烂纤维杂物等有毒有害物质进入处理设施。湿地处理污水功能有限，避免高浓度化学物质，尤其对微生物和湿地植物有害的物质进入处理设施，防止破坏处理工艺的正常运行。

3.8.7 发展趋势

各级政府认真落实科学发展观，积极开展农村环境综合整治，切实改善农村生态环境，提高农民健康水平。在经济发达地区，政府已经将农村生活污水治理列入为民办实事内容，有计划地推进，农村环境将会得到进一步改善。

对于靠近城市附近的农村，生活污水应统一纳入城市污水管网进行处理；对于离城市较远的农村集中居住区，其生活污水应通过统一建设小型污水处理设施进行处理。

对于大部分农村来说，远离城市、农民居住分散、经济条件相对薄弱，如统一进行污水处理，管网太长，投资过大。据调查江苏苏州地区，集中式处理污水，一般户均投资达1万元，有的甚至更高。而人工小湿地无疑是一种适用、经济、有效的处理生活污水的适宜技术，如果将处理后的污水排放到土壤中，加上土壤的自净能力，对环境的影响将会降到更低。因此，在广大农村将有一定的发展空间。

3.9 建造误区

见图 3-18~图 3-20。

图 3-18　过粪管太短(左)和过粪管太平，角度不够(右)

图 3-19　深浅不一致(左)和用水量不足(右)

图 3-20　水平过粪(左)和过粪管细、位置不对、三池比例不对(右)

4 三联通沼气池式厕所

4.1 概　　述

4.1.1 历史

在各种各样厕所结构里面，有一种厕所结构的名称叫"三联通沼气池式厕所"，这样的沼气池又称为"三结合沼气池"，要求做到"一池三改"。这个名字的意思是说，农家的畜禽舍、厕所和沼气池联在一起，使畜禽粪便、人粪尿都进入沼气池，在沼气池内进行发酵，生产沼气，最后得到发酵过的、腐熟的、卫生的肥料。

这种厕所结构的优点是，既处理了粪便，又获得了沼气，既解决了卫生问题，还得到了很好的肥料，所以，三联通沼气池式厕所得到广大农家的欢迎。

从 2003 年开始到 2008 年，我们国家建设了农村户用沼气池近3000 万个，这些沼气池建设，由国家科学的规划，按照建设一个沼气池，就要对原来的厕所、厨房进行改造的原则，即建设沼气池的同时，要求农家改造或新建厕所，对厨房进行改造，使农家在建了沼气池后，粪便有沼气池处理，做饭有沼气，减少了烧柴做饭的时间，节省下时间学习或休息，改善了他们生活的质量、改善了庭院卫生、厕所卫生和厨房卫生。

在建设社会主义新农村实施措施中，建设沼气池是具有比较好的经济效益、环保效益和卫生、生态效益的重要举措之一，因为每个家庭沼气池可以减少 2t 二氧化碳排放量，保护 0.17hm^2 林地，生产 10～15t 沼渣和沼液，满足 0.15～0.2hm^2 无公害瓜菜用肥，减少施用 20% 的农药化肥，为农民增收 1200 元。

4.1.2 定义

沼气是大家听的比较多、也比较熟悉的名词了，为什么叫沼气呢？沼气是什么样的东西呢？我们来认识一下。

沼气(Biogas)是由意大利物理学家 A. 沃尔塔于 1776 年在沼泽地发现的，故名沼气，日常生活中，我们常见的水沟、污泥塘冒出的气泡，这就是沼气。沼气是一种清洁的可以燃烧的气体，它与城市里使用的天燃气性能差不多，只是沼气的发热量(热值)比天然气低一些，在煤矿人们叫它瓦斯气。沼气是一种多组分的混合气体，它由甲烷、二氧化碳和少量的一氧化碳、氢、氧、硫化氢、氮等组成。沼气中的甲烷、一氧化碳、氢、硫化氢是可燃气体，氧是助燃气体，二氧化碳和氮是惰性气体。当空气中甲烷气体的含量占空气的 5％～15％时，遇火会发生爆炸，沼气不完全燃烧后产生的一氧化碳气体可以使人中毒、昏迷，严重的会危及生命。因此，在使用沼气时，一定要正确地使用沼气，避免发生事故。农村家用沼气池生产的沼气主要用来做生活燃料。修建一个容积为 $6m^3$ 的沼气池，每天投入相当于 4 头猪的粪便进行发酵，它所产的沼气能解决 4 口人家庭点灯、做饭的燃料问题。沼气还可以用于农业生产中，如温室保温、烘烤农产品、储备粮食、水果保鲜等。沼气也可发电做农机动力，大、中型沼气工程生产的沼气可用来发电、烧锅炉、加工食品、采暖或供给城市居民使用。例如，河南南阳市从 20 世纪 70 年代开始至今，有 3 万多户城市居民使用沼气。发酵过的沼液可以用来浸种、做果树叶面喷施的肥料、沼渣也可以做果树、蔬菜的肥料。

沼气有这么多好处，我们怎样生产沼气呢？其实不难，我国农村有大量的生产沼气的原料，例如畜禽粪便、人粪便、秸秆、农作物残渣(蔬菜帮、果皮等)都可以用来生产沼气。

生产沼气是有条件的，就像我们看电视，一定要有 220V 的交流电供给电视机，并且有电视天线传输来的电视信号，这样才能看到电视画面一样。生产沼气需要将粪便、秸秆等放进沼气池内，并且要求沼气池密封好，不能有空气进去，才能使沼气池内生产沼气的细菌生活的好，生产的沼气多。如果沼气池没有按照技术规定修建，不但不能生产沼气或者生产的沼气很少，还会给农家增添维修、重新进料等很多麻烦，还会存在一些危险。如何建设一个符合要求的沼气池，是我们建设三联通沼气池式厕所的关键部分，会在后面详细谈到。

4.1.3 组成

从图 4-1 可以很清楚地看到三联通沼气池式厕所由沼气池、禽畜舍和厕所三个部分组成。

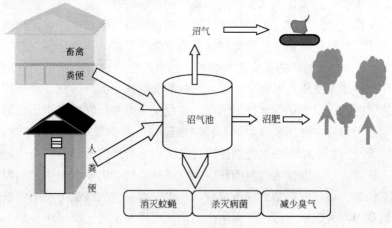

图 4-1 三联通沼气池式厕所的设计

1. 沼气池类型

我们先来了解沼气池的结构。沼气池是埋在地下的，除了在建设沼气池的过程中我们能看到沼气池是啥样子，平时我们很少能看到，我们来看下面的图，了解沼气池是什么形状，它在生产沼气的时候，内部有什么变化？

看图 4-2，这是现在农村普遍使用的沼气池池型，国家标准规定沼气池的大小从 $4m^3$ 开始，有 $6m^3$、$8m^3$ 到 $10m^3$ 四种规格。

水压式沼气池是使用最广泛的一种池型，也是最基本的一种池型。它的工作原理是：在沼气池内留有一个贮存沼气的小空间，当沼气池生产沼气的时候，沼气就将沼气池内的发酵原料液体压到沼气池的水压间内，使用沼气后，沼气逐步减少，原料液体再返回到沼气池内，见图 4-3。

底层出料的水压式沼气池，它的特点是出料比较方便。但是，

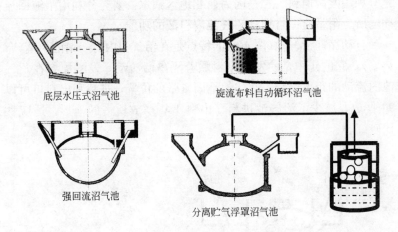

底层水压式沼气池　　　　　旋流布料自动循环沼气池

强回流沼气池

分离贮气浮罩沼气池

图 4-2　农村普遍使用的几种沼气池池型结构的示意图

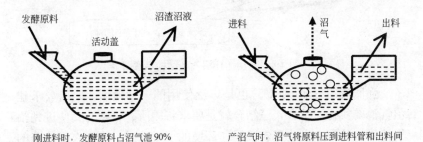

刚进料时，发酵原料占沼气池 90%　　　产沼气时，沼气将原料压到进料管和出料间

图 4-3　沼气池进料、出料和产气示意图

底层出料有可能将还没有足够时间消化的料液和在厌氧状态下没有完全杀死的病菌随同出料带出来，浇到农田、作物上，传染给人，影响人体健康。在有肠道疾病、血吸虫病的地区，最好使用中层出料水压式沼气池，让沉淀的虫卵在沼气池内呆时间长一点，将病菌灭杀地彻底一些，保证其能达到粪便无害卫生标准。一些过去的血吸虫病区，通过建沼气池处理粪便，大大地减少了血吸虫病的传播，由于沼气池能使绝大部分的病菌失活，目前，预防血吸虫病的措施中，建设沼气池厕所也是重要的手段。

西北地区比较干旱，沼气池池型与南方、北方都不一样。沼气池采用的气动搅拌自动循环沼气池、强回流沼气池比较多，一是要充分利用发酵原料，二是因为西北地区缺水，要充分利用沼液回流冲厕所、附带有一点搅拌沼气池内料液的功能。

自动循环沼气池(图 4-4)的特点是在沼气池内有一堵隔离墙(布料墙)，它的作用是使发酵原料顺着隔离墙流动，发酵原料在沼气池内流动的距离增长，在建池地面紧张的位置，进料和出料口可以 90°摆放，减少了沼气池进料、出料 180°摆放所占的地形，适应性比较好。

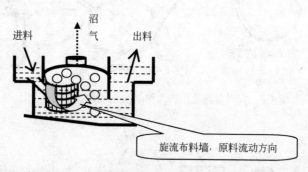

图 4-4　自动循环沼气池结构示意图

强回流沼气池(图 4-5)也是广泛使用的一种池型。政府要求建沼气池要实行三结合，三结合就是要求将厕所、猪圈的粪便进到沼气池里，从根本上改善农民居住环境的卫生状况，改变农民传统的生活卫生习惯，减少传染病和疾病流行，同时又丰富了沼气池的原料。通过发酵的粪便，大部分病菌都被杀死，肥效提高，对农作物非常有好处。强回流池型的特点就是利用一个手动的活塞将沼液从沼气池的出料间抽出来冲厕所，从厕所下水道连同粪便一起回到沼

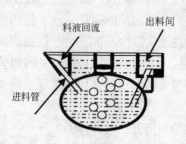

图 4-5　强回流沼气池结构示意图和预制式沼气池施工现场示意图

气池内，就像城市用的抽水卫生厕所一样，不同的是冲厕所的一个是沼液一个是水。沼气池的料液从出口回流到进口返回沼气池，也起到一定的搅拌作用。

分离贮气浮罩沼气池是将发酵和贮存沼气分开的一种沼气池，比其他沼气池多建一个水密封的贮气柜，与前面几种沼气池相比，分离浮罩沼气池发酵池与气箱分离，没有水压间，采用浮罩与配套水封池贮气，扩大了发酵间的装料容积。在使用过程中，浮罩贮气相对于水压式沼气池其气压是比较稳定的。贮气柜贮存的沼气输出压力比较稳定，沼气灶的使用也比较稳定，同时也避免了水压式沼气池在沼气过多时对沼气池产生的损坏。这种形式在沼气工程上普遍运用，因为沼气工程生产的沼气量大，有贮气装置，便于发电、烧锅炉或集中供气给农户或居民做生活燃气。

有的山区运输材料比较困难，或者是技术人员有限，为了方便农户，还有一种事先预制好的沼气池　预制式沼气池结构仍然是水压式池型，其特点是利用模具在建设现场或专门的预制场地预制沼气池各个部件，到现场进行组装，这样，能够控制生产质量和生产成本，其现场建设时间也相对其他沼气池短。

为了加快农村沼气池的建设速度，并保证沼气池的建设质量，近年来，不少的企业开发了玻璃钢材料和塑料材料的沼气池，他们的结构形式都是水压式，椭球形或圆形，见图4-6。在功能上和传统材料的沼气池是一样的，特点是，它是成品，到现场直接安装就可以了。在生产的时候，可以按照统一的材料配方和工艺来生产和控制产品的质量，容易实现标准化生产，建设时间也很短，节约人

8m³玻璃钢沼气池　　　　生产玻璃钢沼气池　　　　待安装的沼气池

图4-6　玻璃钢沼气池

力，对农户是有好处的，但它比传统材料的沼气池建设费用稍高一些。

2. 畜禽舍

我们现在对沼气池有了一些了解，现在我们来看看三联通沼气池式厕所的其他部分的结构和联通在一起的结构。

畜禽舍应该按照自己饲养的猪、牛、羊和鸡、鸭等禽类数量来修建。为了防止畜禽疾病，圈舍应该通风良好，冬季能够保持一定的温度，不让畜禽受冻。圈舍的地面还应该有一些坡度，坡的方向朝着沼气池进料口的方向，这是方便畜禽的粪尿和冲洗圈舍的水借着坡度顺利的流进沼气池内，见图4-7。

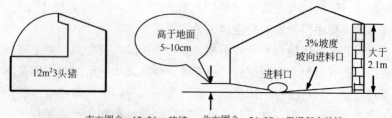

12m²3头猪

高于地面
5~10cm

3%坡度
坡向进料口

大于
2.1m

进料口

南方圈舍：12~24cm砖墙　　北方圈舍：24~37cm保温复合砖墙

图4-7　禽畜舍结构示意图

圈舍顶可采用混凝土预制板或者用草泥机瓦，目的是保温。北方建造的太阳能暖圈，后坡仰角12°，前坡最小采光角大于35°。

3. 厕所

卫生厕所一般情况下应紧靠沼气池进料口，地面最好用混凝土现浇，四面墙体也可以贴上瓷砖或水泥抹光，以便易于打扫卫生。为了保持厕所内空气清新，消除臭味，必须要有通风的窗户。三联通沼气池式厕所因为是和沼气池联在一起的，所以，有它的特点，请看图4-8来了解厕所是如何和沼气池联通并工作的。

厕所最好和沼气池靠近，以便厕所粪尿能顺利排入沼气池，沼气池上层的沼液也可方便的用来冲洗厕所，这个冲洗厕所的小装置就是利用活塞来抽取沼液的。

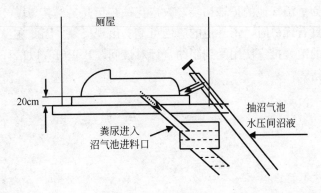

图 4-8　厕所结构示意图

4.2　适　用　地　区

适合我国广大农村地区应用，尤其适用于养猪农户应用。与三格化粪池厕所的应用范围同样广泛。在高寒地区农村要建造相应的保温设施，如蔬菜大棚等。

4.3　技　术　特　点

三联通沼气池厕所的优点是在粪便无害化的同时又能产生沼气，为农户提供卫生清洁的能源。

肠道寄生虫卵沉淀至沼气池底层，这样溢流的沼液中才会基本不含有肠道寄生虫卵，但是要增加产气量，就需要经常搅拌，使肠道寄生虫卵从沼气池底层又漂浮起来，溢流的沼液中又会含有肠道寄生虫卵，无害化的效果被打了折扣；有些为方便农民用肥随时取沼液的设计，新鲜粪便也可混于沼液流出，失去了三联通沼气池式厕所的意义，所以我们说在实际应用中，产气与无害化效果存在矛盾。我们强调，在血吸虫病流行地区与肠道传染病高发地区农村，不采用随意抽取沼液的设计，原因就在于此。

农村集约化养猪有利于改变农村环境卫生的面貌，有利于人畜共患病的防控，各家各户的饲养业不再存在，猪粪的来源出现问题，为了沼气池的正常运转，农户花钱买猪粪，当其与煤气的差价不再具有优势时，沼气池的应用可能会出现反复，因此在没有畜禽养殖的地区推广使用受到制约，针对该问题，正研究以秸秆为原料替代猪粪。

4.4 标准与做法

4.4.1 设计

户厕-7：沼气池厕所的设计

沼气池在三联通厕所结构中处于关键位置，农家在建造三联通厕所时，一定要问，我们家建多大的沼气池，建一个沼气池需要多少建筑材料，沼气池生产沼气需要多少原料呢，我们如何来启动沼气池生产沼气呢，等等。现在，我们来介绍有关沼气池的建设、启动、管理、安全使用等问题。

1. 沼气池类型的选择

农户修建沼气池多大容积合适，要根据自家养殖的畜禽数量、家庭人口来做初步决定。沼气池容积的大小（一般指有效容积，即主池的净容积），应该除了考虑发酵原料的品种（牛粪或者是猪粪）数量外，还要考虑用气量、沼肥的用量及用途等方面的需求。

在农村，按每人每天平均用气量 $0.3 \sim 0.4 m^3$，一个 4 口人的家庭，每天煮饭、点灯约需用沼气 $1.5 m^3$ 左右。如果使用质量好的沼气灯和沼气灶，耗气量还可以减少。根据科学试验和各地的实践，一般要求平均一头猪的粪便量入池，即可估算为 $1 m^3$ 的有效容积。

北方地区冬季寒冷，产气量比南方低，一般家用池选择 $8 m^3$ 或 $10 m^3$，南方地区，家用池选择 $6 m^3$ 或 $8 m^3$。按照这个标准修建的沼气池，管理得好，春、夏、秋三季所产生的沼气，除供煮饭、烧水、照明外还可有余。冬季气温下降，产气减少，仍可保证煮饭的需要。有的人认为，"沼气池修得越大，产气越多"，这种看法是片面的。实践证明，有气无气在于"建"（建池），气多气少在于"管"（管理）。沼气池子容积虽大，如果发酵原料不足，科学管理措施跟不上，产气还不如小池子。但是也不能单纯考虑管理方便，把沼气池修得很小，因为容积过小，影响沼气池蓄肥、造肥的功能，这也是不合理的。

2. 沼气池发酵原料选择

前面说了，沼气池容积的选择和生产沼气的数量，与发酵原料的品种和数量关系巨大。农村常见的发酵原料有三种，主要分为农作物秸秆原料；秸秆与人畜粪便混合原料；纯人畜粪便原料。用于沼气发酵的原料还有各种有机废弃物，如水浮莲、树叶杂草、菜皮、果皮等。为了沼气池使用方便，现在的主要原料是人畜粪便，在粪便中可以掺入少量的易消化的农作物废弃物，如大棚蔬菜的菜叶，但是要注意，不是所有的植物都可作为沼气发酵原料。有刺激性的辣椒叶、大蒜、植物生物碱、盐类和刚消过毒的禽畜粪便等都不能进入沼气池。它们对沼气发酵有较大的抑制作用，可以使沼气池不产气，故不能作为沼气发酵原料。

没有养殖粪便和养殖粪便较少的地方可以使用秸秆作为主要发酵原料，使用秸秆发酵生物菌剂可以促使秸秆生产沼气。各种原料生产沼气的数量和含水量都不一样，当需要加入几种不同的原料时如何搭配，能产多少沼气，需做到心中有数。

如何估算沼气发酵原料的量呢？在农村以人畜粪便为发酵原料时，可以根据能提供多少发酵原料来决定修建沼气池的容积。一般来说，一个成年人一年可排粪尿 600kg 左右，禽畜粪便的排泄量，体重 40~50kg 的猪，日粪尿排泄量 15kg/（天·头），如果农户养的是牛、羊或鸡，可以换算成猪，简单说，养牛的农户一头肉牛可以换算成 5 头猪的粪便量，奶牛换算成 10 头猪的粪便量，30 只蛋鸡或 60 只肉鸡按一头猪粪便量计算。羊的换算比例为：3 只羊换算成 1 头猪。

以下介绍一些原料的产气量、投料量和人畜禽排便量的数据，见表 4-1，这些数据来自技术标准和技术人员的实践经验。

一些常见原料产气量的估算值 表 4-1

原料种类	麦秸	稻草	玉米秸	青草	牛粪	马粪	猪粪	人粪	鸡粪
35℃条件下产气量 (m³/kg)	0.45	0.40	0.50	0.44	0.30	0.34	0.42	0.43	0.49
20℃条件下产气量 (m³/kg)	0.27	0.24	0.30	0.26	0.18	0.20	0.25	0.26	0.29

《农村家用沼气发酵工艺规程》标准中列出了各种发酵原料的产气量。这些数据是温度在 35℃ 条件下每 kg 物质的产气量为 0.3～0.5m³，在 20℃ 条件下每千克干物质的产气量为 35℃ 的 60%。

为了方便大家确定进入沼气池的原料数量，以目前广泛使用的原料为例，在《户用农村能源生态工程南方模式设计施工与使用规范》列出了沼气池每 m³ 每天进料量(鲜重)的重量，可以参照表 4-2 内的重量进料。

不同原料日投加量的估算值 表 4-2

原料种类	投料负荷		
	1kg/m³	1.5kg/m³	2kg/m³
猪粪	5	7.5	10
牛粪	5	7.5	10
猪粪＋牛粪＋人粪	1.5+2.25	3.25+3+1.25	5.75+3+1.25

在《农村家用沼气发酵工艺规程》标准还给出了常用原料的产气速率，我们可以通过表里面的数据，知道了猪粪发酵 30 天后，原料产气达到 97% 以上，牛粪发酵的时间要比猪粪时间长，从表 4-3 看到，牛粪发酵 30 天的时候，达到 86%，要到 40 天的时候才达到 93%。而全部是秸秆的发酵原料，在 30 天的时候，玉米秸秆产气率可以达到 96%，与猪粪产气率差不多，但麦秸和稻草到 40 天的时候达不到猪粪 30 天的产气率，需要更长的时间。所以，我们通过原料产气率表，掌握住原料的产气量、可以产气的时间和合适的出料时间。更重要的是，我们清楚了 30 天后，一定要给沼气池加新料。

原料名称	10	20	30	40	60	产气量 (m³/kg)
	原料产气速率(%)					
猪粪	94.2	96.3	97.6	98.0	100	0.42
人粪	40.7	81.5	94.1	98.2	100	0.43
马粪	63.7	80.2	89.0	94.5	100	0.34
牛粪	34.4	74.6	86.2	92.7	100	0.30
玉米	75.9	90.7	96.3	98.1	100	0.50
麦秸	48.2	71.8	85.9	91.8	100	0.45
稻草	46.2	62.9	84.6	91.0	100	0.40
青草	75.0	93.5	97.8	98.9	100	0.44

不同时间(天)常用原料的产气速率　　　　　表 4-3

3. 沼气池第一次进料的数量

沼气池第一次进料要按照不同的发酵原料浓度和进料量进料，同时加水和发酵产气的菌种。

沼气池第一次进料需要的发酵原料比较多，具体加多少，看农家贮备原料的情况而定。沼气池最大加料量应占整个沼气池容积的90％以上，分离储气沼气池的进料量在95％。

掌握发酵原料进料量的简单方法是看原料离沼气池活动盖的距离，最大进料量大约离活动盖20cm左右，这样能最大限度地利用沼气池的有效空间。没有修建活动盖的沼气池可以在出料间沿口向下做标记，观察池内的进料量。如果农户储备的原料不够，最少的进料量，应该在进出料管口以上，封住进出料口。

不同的发酵原料，投料时原料的搭配比例和补料量不同，比如，采用全秸秆进行沼气发酵，在投料时可一次性将原料备齐，并采用浓度较高的发酵方法。采用秸秆与人畜粪便混合发酵原料，秸秆与人畜粪便的比例按重量比宜为1∶1，在发酵进行过程中，多采用人畜粪便的补料方式。而采用纯人畜粪便进行沼气发酵时，在南方农村最初投料的发酵浓度(指原料的干物质重量占发酵料液重的百分比)控制在6％左右，在北方可以达到8％，发酵菌种要占到进料量的20％，在运行过程中采用间断补料或连续补料的方式进行沼气发酵。

如果我们按菌种20％、粪便干物质浓度6％这个比例计算，1m³沼气池容应该准备约700kg水、110kg粪便、200kg菌种。有了1m³

容积的原料配比，自己家的沼气池应该准备多少原料就清楚了，如果你建的沼气池是 $8m^3$ 的，总的原料是：

$$总重量 = 8m^3 \times 90\% = 7.2m^3 (7200kg)$$

其中：

$$水 = 700kg/m^3 \times 7.2m^3 = 5040kg \approx 5000kg$$
$$粪便 = 110kg/m^3 \times 7.2m^3 = 792kg \approx 800kg$$
$$菌种 = 200kg/m^3 \times 7.2m^3 = 1440kg \approx 1500kg$$

不过不要忘记给沼气留下至少 $0.5 \sim 1.0m^3$ 的空间，即 $8m^3$ 沼气池，最多只进料 $7.5m^3$ 的发酵原料。

4. 发酵菌种的培养

菌种对于沼气池第一次启动非常重要，菌种就像我们发面用的酵母一样，没有它，沼气池不产气，但不是说，不加菌种沼气池就不产气，因为进入沼气池的粪水中有发酵细菌在里面，不加菌种，只有等发酵菌自己在沼气池的料液中慢慢地生长，这样沼气池生产沼气的时间就比较长，差不多要 15 天左右，有的要到 20 多天，如果加入菌种，在气候比较炎热的地区第二天就可以产沼气了。

沼气池启动时使用的菌种可以用已经生产沼气的沼气池的沼液沼渣，如果没有沼渣沼液也可以用阴沟污泥、厕所底层粪便，或者事先将畜禽粪便堆沤培养菌种。

用粪便堆沤来生产发酵菌种的方法是采用老沼气池的发酵液添加一定数量的人畜粪便。例如，要准备 500kg 发酵菌种，用 200kg 的沼气发酵液和 300kg 的人畜粪便混合，在不渗水的坑里或用塑料薄膜铺底的坑里堆沤，并用塑料薄膜密闭封口，1 周后即可作为菌种使用。

如果没有沼气发酵液，可以用农村较为肥沃的阴沟污泥 250kg，添加 250kg 人畜粪便混合堆沤 1 周左右也可以。

如果没有污泥，可直接用人畜粪便 500kg 进行密闭堆沤，10 天后便可作沼气发酵菌种。

农村沼气发酵的适宜温度为 $15 \sim 25℃$。因而，在投料时宜选取气温较高的时候进行。

5. 布局

三联通沼气池式厕所是由畜禽舍、沼气池和厕所三个主要部分组成，在建造时的布局非常重要，因为它将影响三联通沼气池式厕所的使用和管理。每个农家的庭院都不一样，所以要根据自己的地形来确定厕所、畜禽圈、沼气池摆放的位置。现在，图4-9介绍两种布局供大家参考。

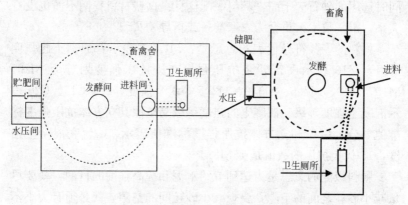

图4-9　三联通沼气池式厕所布局示意图

虽然布局只提供了两种厕所摆放位置，其实可以根据自己庭院的地形和使用厕所方便，将两种布局变成至少四种布局，可以试试。

4.4.2　施工

户厕-8：沼气池厕所的施工

沼气池施工一定要请有沼气生产工证书的人员来修建，因为沼气池有它特殊的要求，没有经过专门的技术培训，建的沼气池保证不了质量，可能不产沼气。另外，除了修建沼气池，还需要到农家准备发酵原料、发酵菌种，为沼气池进料，直到产出沼气，教会农家如何安全使用沼气，安装沼气输配管路、安装沼气灶和沼气灯，这些也是沼气生产工的职责。

1. 材料准备

建池前，农家需要准备建池材料，沼气池的建池材料通常采用普通黏土砖、素混凝土及混凝土预制板，普通黏土砖强度等级不应低于 MU7.5，砌筑水泥砂浆强度等级 M10；现浇混凝土和混凝土预制板强度等级采用C15。进、出料管可采用成品管，亦可用强度等级为C20的混凝土预制，各种盖板均采用强度等级为C15的钢筋混凝土预制。水泥应选用硅酸盐水泥，强度不低于42.5MPa，同时选用的砂石应干净，颗料级配优良。这些材料我们不懂也没有关系，沼气技术人员会为农家准备或指导购买。

材料的一些符号代表的意思是：MU7.5表示普通黏土砖强度等级，M10表示砌筑砂浆抗压强度，按抗压强度划分为M20、M15、M10、M7.5、M5.0、M2.5等六个强度等级。C15、C20表示混凝土强度等级。混凝土的强度等级是按照其立方体抗压强度标准值划分，用C和立方体抗压强度标准值表示，C代表混凝土强度，15代表抗压的数值是15MPa。

颗料级配的意思是为达到节约水泥和提高强度的目的，就要尽量减小砂粒之间的空隙，要想减小砂粒间的空隙，就必须有大小不同的颗粒搭配。

如果购买玻璃钢或塑料沼气池，生产厂家和沼气技术人员会帮助你安装沼气池、安装输气管路，指导你向沼气池进料，和传统材料沼气池一样，直到产出沼气为止。

4～10m³ 现浇混凝土圆筒形沼气池材料参考用量见表4-4。

4～10m³ 现浇混凝土圆筒形沼气池材料参考用量 表4-4

容积 (m³)	混凝土				池体抹灰			水泥素浆	合计材料用量		
	体积 (m³)	水泥 (kg)	中沙 (m³)	碎石 (m³)	体积 (m³)	水泥 (kg)	中沙 (m³)	水泥 (kg)	水泥 (kg)	中沙 (m³)	碎石 (m³)
4	1.257	350	0.622	0.959	0.277	113	0.259	6	469	0.881	0.959
6	1.635	455	0.809	1.250	0.347	142	0.324	7	604	1.133	1.250
8	2.017	561	0.997	1.540	0.400	163	0.374	9	733	1.371	1.540
10	2.239	623	1.107	1.710	0.508	208	0.475	11	842	1.582	1.710

户用沼气池建设经费估算，可以按照所选用的沼气池容积使用的材料，分别计算各部分材料的价格、运输费和沼气池土方用工、建池用工的费用，加起来即可作为沼气池建设的估算费用。由于各

地的材料价格和人工价格有差异，一般建设沼气池按每立方米多少钱来估算，沼气池建成的材料费、人工费合计计算每立方米大约200多元，配套的产品例如沼气管路、脱硫器、压力表、沼气灶等大约200元～300元/套（分双眼灶或者是配沼气饭锅）左右。

2. 施工程序

（1）沼气池施工

修建沼气池按下面的步骤进行：

1）查看地形，确定沼气池修建的位置（注意兼顾到厕所、圈舍）；

2）拟订施工方案，绘制施工图纸；

3）准备建池材料；

4）放线；

5）挖土方；

6）支模（外模和内模）；

7）混凝土浇捣或砖砌筑，或预制混凝土大板组装；

8）养护；

9）拆模；

10）回填土；

11）密封层施工；

12）输配气管件、灯、灶具安装；

13）试压，验收。

如果你选择的是玻璃钢沼气池产品，修建的步骤可以简化为：

1）查看地形，确定沼气池修建的位置（注意兼顾到厕所、圈舍）；

2）拟订施工方案；

3）放线；

4）挖土方，整理池底地基；

5）安装沼气池；

6）回填土；

7）输配气管件、灯、灶具安装；

8）试压，验收。

在建池过程中应注意以下问题：

1）沼气池按图纸放线后，一般用人工挖方，如果需要放炮挖坑，应邀请专业人员操作，以免振裂地基，放炮飞石打伤人畜；

2）挖坑时应有适当的坡度，严禁把建筑材料、挖出的土方及其他重物堆放在池坑边上，防止塌方；

3）雨季最好不要施工，如果施工，要在池坑的周围挖好排水沟，并在池坑上方搭建简易雨棚，防止雨水流入坑内浸泡池坑；

4）挖方完成后，在池底施工前，应将坑底被水浸泡过的淤泥清除干净，以增强池底强度，消除沼气池不均匀沉降的隐患；

5）施工过程中，对地下水要进行处理，在池内或池外挖排水沟或集水井的方式来排水，直到施工面超出地下水位线为止；

6）在池内作防水层和密封层之前，要仔细检查池顶、池壁并清除易掉落的砂浆块或其他杂物，保证安全施工；

7）池墙施工完成后，进行回填的回填土要有一定的湿度，做到分层夯实，并适当加水，使回填土和池墙与老土之间更加紧密；

8）圈梁混凝土强度达到70％之后，方可进行池盖施工；采取"无模悬砌卷拱法"施工时，不允许将重物置于刚砌完的池盖上，以免由于过重的集中荷载使池盖垮塌。

（2）沼气池验收

沼气池建好后，检查建设的质量是保证沼气池正常工作的重要手段。除了在施工过程，对每道工序和施工的部分要按相关标准中规定的技术要求检查外，池体完工后，应对沼气池各部分的几何尺寸进行复查，池体内表面应无蜂窝、麻面、裂纹、砂眼和孔隙，无渗水痕迹等明显缺陷，粉刷层不得有空壳或脱落。

接下来最基本的和主要的检查是看沼气池有没有漏水、漏气。检查的方法有两种：一种是水试压法，另一种是气试压法。

1）水试压法

向池内注水，水面到进出料管封口线水位时可停止加水，待池体湿透后对水位线做个记号，12小时后，看看水位有没有明显变化，如果水位没有变化，表明发酵间的进出料管水位线以下不漏水，就可进行试压了，见图4-10。

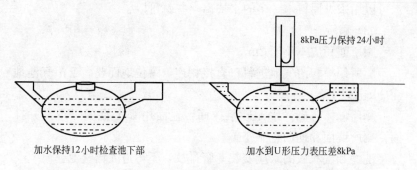

8kPa压力保持24小时

加水保持12小时检查池下部　　　　　加水到U形压力表压差8kPa

图 4-10　沼气池水试压法示意图

试压前，安装好活动盖，用泥和水密封好，在沼气出气管上接上气压表后继续向池内加水，当气压表水柱差达到 8kPa(800 毫米水柱)时，停止加水，对水位高度做记号，保持 8kPa 压力 24 小时，如果气压表水柱差下降在 240Pa(24 毫米水柱)内，就符合沼气池抗渗性能，这个沼气池质量检查就过关了。

2) 气试压法

第一步与水试压法一样，将水加到进出料口，保持 12 小时，确定池子下半部不漏水之后，将进、出料管口及活动盖严格密封，装上气压表，向池内充气，当气压表压力升至 8kPa 时停止充气，并关好开关。保持压力等待 24 小时后，查看压力表，若气压表水柱差下降在 240Pa 以内，沼气池符合质量要求，可以进料启动沼气池工作，见图4-11。

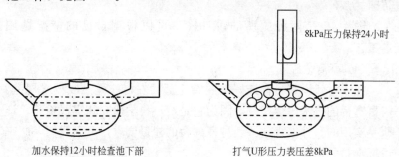

8kPa压力保持24小时

加水保持12小时检查池下部　　　　　打气U形压力表压差8kPa

图 4-11　沼气池气试压法示意图

有的地方缺水，采用气试压法比较适合。试压完成后，池内的水可以用来做原料水，多的水抽出一些就可以了。

（3）厕所施工

厕所面积应不小于 $2m^2$。

厕所便槽与沼气池进料口直接相连，蹲位地面要高于沼气池地面 20cm 以上。

厕所墙体砖砌，水泥砂浆抹面，地面用 C15 混凝土现浇并抹面，厕所墙面和地面宜贴瓷砖。

洗澡和洗衣服的水应安装专管排放，不得进入沼气池。

1）庭院厕所

三联通沼气池式厕所，由于厕所、圈舍均需要与沼气池连接，厕所可以依据家庭的具体情况，选择建厕的合理位置，所以更多地出现了应用最为广泛的两种结构。在北方地区，三联通沼气池式厕所多建于蔬菜大棚内，有田间厕所之说，南方三联通沼气池式厕所多是建在庭院内猪圈旁。建于蔬菜大棚内的三联通沼气池式厕所，农业生产、能源利用、粪便无害化与资源化利用形成了良好的循环链，是卫生生态环境的典型例证。

2）温室厕所

北方地区的农户结合生产大棚，采取在庭院内建设日光温室，种植蔬菜或水果、养猪建圈、并在温室的一端地面下建沼气池，沼气池上建猪圈和厕所解决冬季防冻的问题。

不养殖的农户将厕所建在太阳能房内，也同样保证冬季厕所防冻。

图 4-12 是两种厕所的设计图，可以根据自己的情况选用参考。

（4）畜禽舍施工

在农村建设畜禽舍最好按照农业部《农村一池三改技术规范》对畜禽舍的技术规定建设，因为它是经过科学研究和实践检验，证明是实用的。标准规定了两种畜禽舍的建设要求，下面我们一起来看标准是如何规定的。

畜禽舍面积应不小于 $10m^2$，养殖量应不少于 3 头猪；

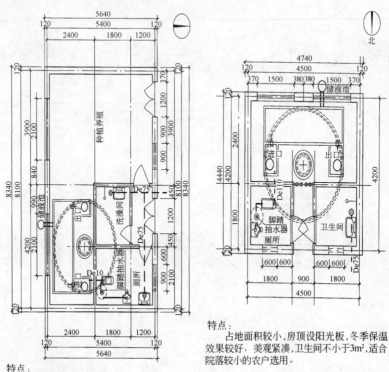

特点：
　　占地面积较小,房顶设阳光板,冬季保温效果较好,美观紧凑,卫生间不小于3m²,适合院落较小的农户选用。

特点：
　　占地面积较大,房顶设阳光板,增大了采光面积,适合饲养牛、羊等。

图 4-12　厕所布局示意图

　　畜禽舍地面标高高出自然沼气池 150mm,采用 C15 混凝土现浇,以 2% 的坡降坡向粪液收集口;

　　地面用水泥砂浆抹面、压光、拉毛,保留一定的粗糙度;

　　畜禽舍踢脚线墙角用水泥砂浆按 20mm×20mm 做成弧形,以利于清扫和不积存粪便污垢;畜禽舍粪液收集口尽可能远离食槽和畜禽活动圈,其直径为 200mm,以防堵塞。

　　1) 普通畜禽舍设计

　　畜禽舍要做到冬暖、夏凉、通风、干燥、明亮,见图 4-13。

　　2) 太阳能畜禽舍设计

　　在北纬 35°以北地区,要建设成太阳能畜禽舍,见图 4-14。

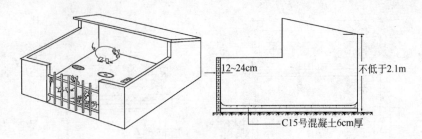

图 4-13　普通禽舍设计示意图

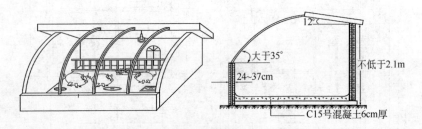

图 4-14　太阳能禽舍设计示意图

（5）鸡舍、牛舍和羊舍

参照 NY/T 466—2001 户用农村能源生态工程北方模式设计施工和施用规范标准建设，见图 4-15。

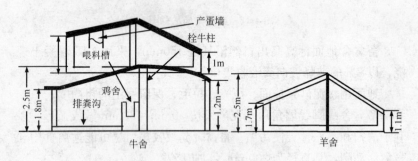

图 4-15　牛舍和羊舍设计示意图

（6）配套产品

利用沼气的产品有专门的沼气灶、沼气灯，输送沼气的塑料输气管、开关，净化沼气用的脱硫器，还有指示沼气压力的压力表，这些产品都有国家或农业部标准来控制质量。目前这些产品可以在当地的农业局管理推广沼气技术的部门或沼气服务站买到，还可以得到他们的技术指导和服务。

一般农家可以购买一台沼气灶、一台沼气饭锅、一盏沼气灯以及一套沼气输送净化配套产品。

输气管、净化产品和燃烧沼气的产品可以请沼气技术人员帮助安装，以保证安全使用沼气。

图 4-16 是沼气输送管路和安装图示（农村一池三改技术规范标准）。

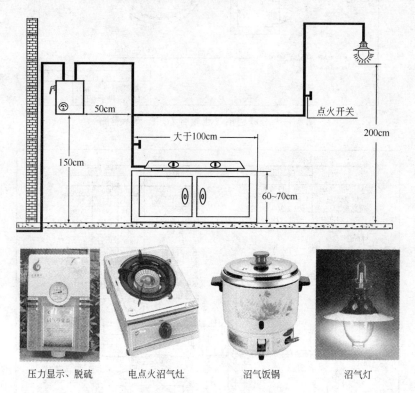

图 4-16　沼气输送管路示意图和常见沼气用具图例

4.4.3　施工图纸

见图 4-17～图 4-20。

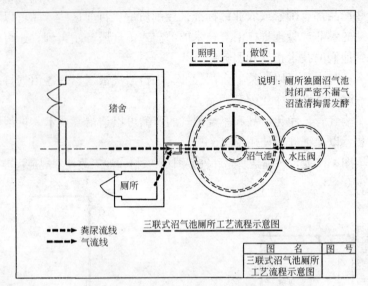

图 4-17　三联通沼气池厕所工艺流程示意图

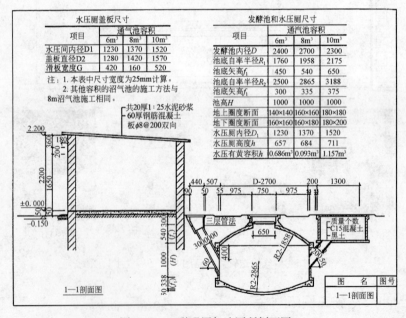

水压厕盖板尺寸			
项目	通气池容积		
	6m³	8m³	10m³
水压间内径D1	1230	1370	1520
盖板直径D2	1280	1420	1570
滑板宽度G	420	160	520

注：1. 本表中尺寸宽度为25mm计算。
　　2. 其他容积的沼气池的施工方法与
　　　8m沼气池施工相同。

发酵池和水压厕尺寸			
项目	通汽池容积		
	6m³	8m³	10m³
发酵池内径D	2400	2700	2300
池底自率半径R₁	1760	1958	2175
池底矢高f₁	450	540	650
池底自率半径R₂	2500	2865	3188
池底矢高f₂	300	335	375
池高H	1000	1000	1000
地上圈度断面	140×140	160×160	180×180
地下圈度断面	160×160	160×180	180×200
水压厕内径D	1230	1370	1520
水压厕高度h	657	684	711
水压有黄容积h	0.686m³	0.093m³	1.157m³

图 4-18　三联通沼气池厕所剖面图

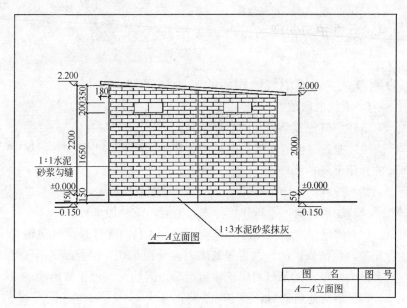

图 4-19　三联通沼气池厕所立面图

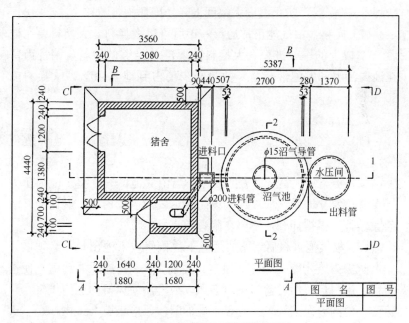

图 4-20　三联通沼气池厕所平面图

4.4.4 维护与管理

户厕-9：三联通沼气池厕所的维护与管理

1. 沼气池启动

新建沼气池投料启动的程序包括：

（1）准备足量的发酵原料和接种物，进啥料，进多少，根据前面的介绍准备；

（2）投料；

（3）加水封池：原料和接种物入池后，及时加水封池；

（4）放气试火：当压力表升到 2kPa 以上，就打开沼气池输气管开关，放掉新产的气，再等到压力表升到 800Pa 以上，到沼气灶上去试火，新产的沼气可以正常点燃时，表明沼气池正常启动；

（5）沼气池启动后，要定时加料；

（6）北方地区在冬季到来之前，要采取池表覆盖保温材料（如秸秆等）来保温，防止温度大幅度下降，冻坏沼气池；

（7）换料：沼气池正常运行一年后可以大换料。大换料要在池温 15℃以上的季节进行，大换料前要准备足够的原料，菌种由留在池内污泥和发酵液代替，数量至少要占到池容 10%，大换料前30 天停止进料。

2. 日常管理

（1）沼气池的进、出料口要加盖，防止人畜掉入池内造成伤亡。

（2）要经常观察压力表的变化，当沼气池产气旺盛、池内压力过大时，要立即用气或放气，以防对沼气池造成损坏，避免冲开活动盖。若池盖被冲开，不要在附近用火。

（3）沼气池进料后，不要随意下池检修或下池出料，必须做好安全防护措施才能下池。下池前，提前 2～3 天打开活动盖，使进料口、出料口、活动盖口三口通风，或者用鼓风机向池内供气，排除沼气池内残余的沼气；必须下池的时候，应该有 2 人操作，一人留在池上看护，下池人员要系上安全绳，有不适感觉，池上人员应立即将其拉出池外，到通风处休息。

（4）打开活动盖后，不得在池口周围点火照明或吸烟，下池人员只能用手电或防爆灯照明，禁止使用明火，严禁向池内丢明火燃烧余气，防止引发安全事故。

（5）保护活动盖：

打开活动盖进行沼气池的维修和清除沉渣时，要细心保护活动盖以保证活动盖的密封性能。因为维修、出料、处理沼气池内原料结壳等活动都需要打开活动盖，所以活动盖对沼气池运行管理起非常重要的作用。在管理过程中要定期检查活动盖密封状况，开关活动盖时注意不要碰磕沼气池活动盖和活动盖的边沿。

（6）及时做好沼气池维护工作：

沼气池出现进、出料口损坏、拱顶、池墙渗漏、管道堵塞、活动盖密封圈漏气等问题时，必须及时请沼气技术人员做好维护工作。

3. 入冬管理

（1）冬季要在沼气池池顶上堆放秸秆或在沼气池周围砌建挡风墙，进、出料口要加盖塑料薄膜。在沼气池周围挖好排水沟或用砖砌排水沟防止冬季积水结冰。将管路埋入地下 20～40cm 深防冻，对地上敷设的管路在入冬前做好保护工作，可用秸秆、布条等物包扎管道或用竹管或铁管做护套，防止管道冻裂。

（2）新建沼气池要按"三结合"，即沼气池和猪圈、厕所实现三联通建设，使沼气池每天都有新料入池发酵，保持常年产气。沼气池建在圈舍下也起到保温作用，对年底新建的沼气池，赶不上投料使用的也不能空池过冬，应填满秸秆或杂草等物，防止沼气池冻裂和达到堆沤发酵的双重效果。

（3）冬季来临前要给沼气池添加或更换新的发酵原料，并提高进池原料的浓度，最少要达到 10% 并选择晴天出料和进料，入池的水最好用热水，保持池内基本的温度。

入冬前补充或更新的原料宜采用鲜猪粪或鲜牛粪、鲜羊粪作发酵原料，少用麦秸、玉米秸等发酵原料。

做好入冬前管道检修工作，检查管道是否存有积水，为裸露管道进行保温处理，采用的材料因地制宜。发现漏气或老化的管道、接头要及时更换。

为沼气池保温措施主要有：1)在沼气池表面覆盖秸秆或加厚土层来保温，覆盖面要大于沼气池面积；2)在沼气池顶部架设塑料保温棚，用塑料薄膜覆盖整个沼气池的顶部并将塑料薄膜向周围适当延展，将进料口、水压间地面也覆盖来保持池温；3)在沼气池周围挖环形沟，沟内堆沤粪草，利用堆肥发酵酿热保温。

冬季最好不要换料，需要加料时，可向池内加入适量的温水，以保持池内温度能生产沼气。

防止冷水流进池内降低池内温度影响产气。

通过以上措施，能基本保证沼气池在冬季保持一定的产气量。

4. 安全管理

（1）沼气池安全管理

清除沉渣或查漏、修补沼气池时，先要将输气导管取下，发酵原料至少要出到进、出料口挡板以下，有活动盖板的要将盖板揭开，并用鼓风机、风车(南方风稻谷用的工具)或小型空压机等向池内鼓风，以排出池内残存的气体。当池内有了充足的新鲜空气后，人才能进入池内。有条件的地方，也可灌入清水冲池后再下池。入池前，应先进行动物试验，如果动物活动正常，说明池内空气充足，可以入池工作，若动物表现异常，或出现昏迷，表明池内严重缺氧或有残存的有毒气体未排除干净，这时要严禁人员进入池内，而要继续通风排气。

入池操作的人员如果感到头昏、发闷、不舒服，要马上离开池内，到池外空气流通的地方休息。

（2）安全使用沼气

沼气和天然气、煤气一样，也存在危险。使用不当可能造成爆炸等安全事故。如果沼气泄露了，会使人中毒。所以，使用沼气产品时，应注意以下安全事项：

1)沼气灯、灶具不能靠近柴草、衣服、蚊帐等易燃物品。特别是草房，灯和房顶结构之间要保持 1~1.5m 的距离；

2）沼气灶具要安放在厨房的灶面上使用，不要在床头、桌柜上煮饭烧水；

3）在使用沼气灯、灶具时，应先划燃火柴或点燃引火物，再打开开关点燃沼气，如将开关打开后再点火，容易烧伤人的面部和手，甚至引起火灾；

4）每次用完后，要把开关扭紧，不使沼气在室内扩散；

5）要经常检查输气管和开关有无漏气现象，如输气管老化而发生破裂，要及时更新；

6）使用沼气的房屋，要保持空气流通，如进入室内，闻到较浓的臭鸡蛋味（沼气中硫化氢的气味），应立即打开门窗，排除沼气。这时，绝不能在室内点火吸烟，以免发生火灾。

（3）安全使用沼肥

新建沼气池至少 30 天最好 45 天后就可以出料了，出料包含沼液和沼渣，沼液是沼气池出料间上面比较清的部分，沼渣是下面比较稠的部分，这就是我们常说的沼肥。

安全使用沼肥说的是两个意思，一是沼肥本身要是安全的，二是施用沼肥要安全。

我们先说沼肥安全。沼气池内是没有空气的，就是处在没有氧气的环境中，动物和人粪便中的细菌在这样的环境中，血吸虫卵存活的时间夏天是 7~14 天，秋天是 15~22 天，冬天和开春的时候池内温度比较低，大约在 10~12℃ 的时候，需要 26~40 天；钩虫卵在沼气池中 6 天死亡 40%，一个月死亡 90%，两个月死亡 95%，三个月才全部死亡；蛔虫卵在沼气池中需要四个月的时间才死亡50%，如果要求蛔虫卵在沼气池内全部杀灭，需要 9 个月或者更长的时间；还有其他肠道传染病病菌，在沼气池内需要 1 个月或 1 个半月的时间才能将他们杀灭，所以，沼气池出料的时间大于 30 天比较好，这时候，大部分细菌被杀死，原料产沼气也接近或达到90% 以上，比较有效地利用了原料资源。

另外，在管理沼气池的时候，常常需要搅拌，搅拌的作用是让发酵菌和发酵原料充分的混合、接触，目的是为了让发酵原料生产更多的沼气。但是，搅拌可以把没有杀死的虫卵搅动到发酵原料上层来，不利于杀死虫卵。在出料的时候，如果使劲搅拌或者用出料器抽取底层的沼渣液，还会将没有杀死的虫卵随着沼渣液抽出来，浇到地里，给传染病创造了传播的条件，对人的健康造成威胁。所以要特别注意，出料的时候，需要使用沼气池中下层的肥料时，时间最好间隔 45 天或 2 个月。

安全使用沼肥是指沼肥也要根据作物的需要适当的使用，不是有多少施多少。沼肥的主要营养成分见表 4-5 和表 4-6：

沼渣养分含量（％干基）　　　　表 4-5

水份	有机质	全氮	全磷(P_2O_5)	全钾(K_2O)	腐殖酸
80～90	20～40	2～5	0.5～1.0	1～1.5	10～20

沼液养分含量（％）　　　　表 4-6

水分	有机质	全氮	全磷 (P_2O_5)	全钾 (K_2O)	有效氮 (g/L)	有效磷 (P_2O_5) (g/L)	有效钾 (K_2O) (g/L)	腐殖酸
95～99	3.0	0.1	0.02	0.08	2.0	0.06	1.2	0.18

从表 4-6 中可以看到，沼液由于浓度低，其营养成分均低于沼渣。用畜禽粪便发酵的沼气池，如果每天平均有三头 50kg 左右的猪的粪便入池发酵，则每年可提供 15％～20％ 总固体含量的沼渣为 1380～1840kg。能满足 3.5 亩的农作物、1.5 亩的果树和蔬菜的用肥需求。

沼渣的总固体含量为 10％～20％，总养分和腐殖酸含量较高，在作肥料时，一般用作农业生产的基肥。

沼渣的施用原则是：

1）沼肥的施用量应根据土壤养分状况和作物对养分的需求量确定；

2）沼渣宜作基肥；

3）沼渣与化肥配合施用时，两者各为作物提供氮素量的比例为 1：1，沼渣宜作基肥一次性集中施用，化肥宜作追肥，在作物养分的最大需要期施用。具体的施用数量根据所产沼肥数量和作物需要养分来计算，或请技术人员指导。

4.5　管理误区

沼气池厕所搅拌出料会使沉降在沼气池底部未失活的虫卵上浮随料液流出，不利于粪便的无害化处理，因此，在日常使用过程中严禁搅拌出料，见图4-21。

图 4-21　搅拌出料新鲜粪便混在其中

5 粪尿分集式生态卫生厕所

5.1 概　　述

5.1.1　发展历程

　　粪尿分集式厕所应用在国内外均有历史记载，我国河南巩县介绍的"粪尿分流式厕所"、安徽界首"粪尿分贮双罐厕所"及清朝宫廷应用的恭桶，其应用方法和现代的粪尿分集式厕所很多相似之处；日本昭和24年介绍厕所的文章亦谈及"粪尿分离式"厕所，然而其设施与管理方法均有欠完善。依据与瑞典、联合国儿童基金会的合作，1997～1999年在吉林汪清县、山西太原市清徐县、广西田阳县粪尿分离式生态卫生厕所系统应用与推广可行性的研究结果，以及2000～2001年在山东、广东、四川、安徽、贵州、青海、陕西等7个省的乡村进行扩大试点的经验，确定了粪尿分离式非水冲生态卫生厕所的设计模式和要求。该型户厕采用源分流技术，从源头对粪与便进行分别收集、分别处理、分别利用，因此具有如下主要特点：减量化——只处理必须处理的粪便；无害化——基本无污染环境与危害人体健康自然能源与粪肥的循环应用，减少化肥的应用量；节约水资源——少用或几乎不用水。设计体现了废物处理减量化、无害化、资源化的现代科学观念，该型户厕推导粪、尿等排泄物在自然界构成闭路循环的生态卫生观念，所以是一种先进的户厕建设模式，在我国适宜地区广泛推广应用，可获得明显的社会与经济效益。

5.1.2　定义和类型

　　粪尿分集式生态卫生厕所是一种将粪和尿分别收集、分别处理的厕所模式，强调粪便无害化处理后的循环应用。

粪尿分集式生态卫生厕所的模式有旱厕模式与用水模式两种。

目前建造的旱厕模式有双坑、单坑，室外、室内等类型；用水模式仅采用粪尿分集式便器，用水冲"粪"，通过排粪管，直接送入化粪池、瓮或沼气池，也就是说与三格化粪池、双瓮漏斗式、三联通沼气池式厕所的粪便处理结构相接。

不管哪种模式至少由以下部分组成：地下部分的贮粪池、贮尿池；地面建筑的厕屋；地面与贮粪池连接部分的蹲板；粪尿分流的坐便器或蹲便器；附属结构与用具。下面介绍粪尿分集式生态卫生旱厕的主要组成部分。

5.1.3 组成

1. 贮粪池(图 5-1)

图 5-1 贮粪池的俯视图和侧视图

此类厕所的贮粪池，只接受粪和草木灰等各种干燥、灰状的覆盖料，粪便在贮粪池内脱水干燥，经过一定时间脱水，"粪"变形，体积缩小、松散、甚至粉化；"粪"亦变性，干燥后的"粪"失去黏稠等原有性态、无臭、外观接近覆盖料，成为优良的土壤改良剂。

农村户厕贮粪池容积一般为不小于 0.8m³，建议贮粪池的设计尺寸为，长 1.2m、宽 1m、高 0.8m，蒸发量高、较为干燥、炎热的地区用粪量较大，可以半年出粪一次，日照时间短、寒冷、潮湿的地区，由于作物的生长期长，用粪量相对较少，能够适应一年出一次粪的无害化要求。

贮粪池内一定要保持干燥，设计与施工应做好防水处理，并应能确保洗澡水、雨水、尿等不进入贮粪池。

在贫困地区、建筑材料匮乏地区、人口密度低、地下水位低与缺水地区，可利用自然条件，如作为贮粪池基础的土壤较密实，可以利用其防渗的特点，不另进行防水处理。如果土壤条件又不好，如较疏松，可能造成地下水的污染，就必须严格进行防水处理。

贮粪池没有水封闭，为防止昆虫和鼠类进入、防止"粪"造成的视觉污染，厕坑需要加盖。

应该注意，可能在贮粪池上面要修建蹲板和厕屋，也可能有人与车辆通过，所以贮粪池必须满足一定的荷载强度，防止塌陷。

贮粪池应设置与外界相通的排气管。

贮粪池应设置接收阳光热能的涂黑晒板，加速粪的干燥。

2. 蹲板（踏脚板）（图 5-2）

图 5-2　表面贴有瓷砖钢筋水泥混凝土制的蹲板、便器和蹲板一体成型

蹲板或称踏脚板，对于粪尿分集式旱厕来说，既是贮粪池盖板又是厕室墙壁的基础，因此其结实程度对农厕应用的安全性具有重

要作用。蹲板(踏脚板)与贮粪池的池体要互相吻合,增加严密性与稳定性。

蹲板要坚固、表面平而防滑、容易清洁,最适合钢筋混凝土预制,面积不小于1.2m×1.2m,厚80~100mm,一般重量较大,可依实际需要预制成几块。在林区、山区蹲板也可以用木板制作。贮粪池顶部一角应预留直径10cm的孔,用来安装排气管。

蹲板要预留有便器和排气管安装孔,排气管的直径10cm为宜。

蹲板上最好设置脚台,方便使用者能够对准便器,防止粪污污染蹲板。

3. 厕屋(图 5-3)

图 5-3 男、女共用或男女分开的厕屋

粪尿分集式生态卫生厕所中最重要的一点就是保持干燥。近来农村修建的厕所,对多功能化的要求日益增加,如洗浴等,厕屋的大小可以根据自己的需要与经济状况自行选择建造,但面积不要小于1.2m²。

厕屋可男、女分开设置也可共用,要依当地的风俗习惯确定。独立结构厕所建造屋顶的材料,可选用轻体的石棉瓦也可以用其他预制材料如楼板等,厕屋的窗不应过低,过低隐秘性不严谨、不利于通风,窗户注意别忘安装防蚊蝇纱窗,特别是炎热地区的农村,安装纱窗,采光提高、通风加强,使用者的舒适感更强。

4. 便器、便器盖(图5-4、图5-5)

图 5-4　不同类型的便器盖

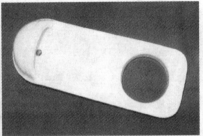

图 5-5　不同类型的便器

　　便器是粪尿分集式生态卫生厕所与其他厕所的主要区别之处。与传统便器的最大区分点是这种便器有两个排出口，前部口径较小的孔用来排尿，孔下端接排尿管道与收集尿的容器相连接；口径较大的后部孔是排便用的。粪尿分集式旱厕排便口下端与贮粪池直接连通，粪尿分集式水冲厕，排粪管应与不同模式厕所的贮粪池连接。

任何直排式便器都是需要便器盖。便器盖可以防止粪便的视觉污染、防止臭气的外泄、也可防止蚊蝇和老鼠进出贮粪池，也可以防止个别人向排粪口排尿。使用粪尿分集式旱厕的农户了解使用要求是非常重要的。如果尿液进入贮粪池，造成贮粪池湿度过大，会影响粪的无害化效果。粪尿分集式水冲厕虽然不考虑贮粪池的干湿问题，但尿液的流失、处理量的增加等问题，失去粪尿分集的积极意义。

便器盖有多种形式，脚踢盖、手盖盖、自动盖，可依需要与经济力量自主研发。最简单的一种是一根木棍钉在一块木板上制成，可盖住大、小便口，也可只盖住大便口。

北方寒冷地区便器的排尿孔，为防止尿液冻结，其内径不小于5cm，南方设计排尿孔时则可小些，如3cm左右。

收集尿的接口处，需要有防溅设计。排粪孔可设计成椭圆型，长25cm左右，宽不小于15cm，便器总长度50cm左右，儿童使用的厕所，便器应适当减小。

男厕应单独设置小便器，小便器与贮尿池连通。

目前粪尿分集式坐便器与蹲便器国内均有生产，家庭有老人，建造户厕宜选用坐便器。蹲便器方便清洁、价格便宜，有人还认为，蹲势有利于人排便。

图5-5为四种不同类型的蹲便器与坐便器；排放口有方形的、圆形的。制作便器的材料，有陶瓷、工程塑料、水泥、砖砌等。

有的地方使用玻璃钢便器，其轻便、形状好看、易加工、运输不易破损等往往成为首选便器，但该材质的便器不耐用，表面光滑性在农户使用短时间后即变粗糙，易沾染粪尿污物、变色、好看的优点变成不好看的缺点，玻璃纤维、高分子涂料在环境中极难降解，损坏后不能回收利用，造成土壤环境的污染。

陶瓷材质便器容易清洁、美观、使用寿命长，但较重、易破损、运输成本较高，故在运输、安装过程中要注意防止损坏。

工程塑料便器强度高、容易加工成需要的形状、运输方便、体轻美观，但材料成本较高、不良的材质易老化使之变脆易破碎。

不锈钢材料的便器，方便耐用、美观易清洁，但由于价格较贵农村地区多难于接受。

综上所述，不同地区要根据气候、民俗习惯、经济状况等选择合适的便器，切忌"一刀切"照抄照搬。

5. 晒板(图 5-6)

图 5-6 不同材料制成的晒板

利用太阳能来提高贮粪池内的温度，吸收太阳辐射的能量加快贮粪池"粪"所含水份的蒸发，以减少"粪"干燥所需要的时间。这种方式可以使粪堆温度增高，在贮粪池内湿度减少、温度增加，对控制蛆、蝇、蚊虫的孳生是非常有效。在日照比较充足的地区，尤其要充分利用。

收集太阳能最简单的方式，是在贮粪池出粪口用涂黑铁板制成太阳能收集板。收集板表面可用漆或者沥青涂黑，利于增加太阳能吸收，提高金属板的防腐蚀性能。用铁板制成的出粪口，体轻活动性能好，便于厕所的管理。

有些地区农村认为金属板价格较高，改用水泥板做封盖，我们认为也是一个可以接受的好办法，但是笨重，给管理增加了困难。

6. 贮尿池与尿收集器

尿收集装置可以砌一个贮尿池，或者就地取材应用塑料桶、陶瓷缸。

北方地区冬季时间长，尿液在冬季无法应用，贮尿池的容积大小要满足越冬需求，贮尿池埋置深度要超过冻土层，如在吉林等高寒地区，贮尿池底部深度应达 1.5m 以上。

南方炎热地区，注意防止尿液在贮存过程中尿素分解产生尿臭，尿收集与贮存过程需要低温、避光、密闭，贮尿池或尿收集器要建造（放置）在日光不能直射的地方，尽量减少高温的影响，桶要加盖使之密闭。

7. 其他附件

（1）尿排放连接管

连接管一般采用塑料软管，一端接便器的尿出口，另一端与贮存尿液的尿收集器相连，长度由便器的排尿口与尿收集器位置决定，两者的距离尽量短些，略有富余而且不应有直角弯曲，直径视便器尿出口外径确定。

（2）排气管（图 5-7）

排气管有两个方面的作用：通风防臭和排湿。排气管内口直径尺寸为 10cm。排气管应高出厕屋顶 0.5m 以上。安装好后可做点火试验，烟气能顺利从便器排粪口吸入然后从排气管排出说明抽风良好。

排气管的口径过细、长度不足、有过多弯曲都有可能影响排气（湿）效果。排气管的使用，有利于改善厕所的一般卫生状况。

图 5-7　安装在厕屋外部的排气管和排气管的上部实物图

排气管管上口设置纱网，可以防止苍蝇进入厕屋。纱网的网眼以 1.2mm×1.5mm 为宜，过大不能阻止蚊子进出，网眼也不能过密，会阻碍空气流通。

5.1.4　主要影响因素

粪、尿不混合、分别收集，粪、尿分别处理，分别利用，是设计和建造粪尿分集式生态卫生旱厕的基本要求。

粪尿分集式生态卫生旱厕设计、建造时需要考虑的主要影响因素有如下几个方面：

(1) 不同自然条件的差异

粪尿分集式生态厕所在不同地区实际应用时，即使在用户合理使用的条件下，不同地区粪便无害化所需要的时间也不同，在设计该型户厕时也应考虑地区差异。如在寒冷地区，由于温度较低，太阳光照强度较弱，在贮粪池中的粪便需要在较长时间才能使粪便中细菌、病毒和寄生虫失活，达到粪便无害化的要求，粪便储存的时间要延长。

(2) 覆盖料差异

覆盖料的选择要依照因地制宜的原则，不可照搬别人的经验。

在正常情况下尿中不含或仅含少量的在环境中存活时间较短的致病微生物，而对人体产生危害的病原体绝大多数存在于人的粪中。粪用干燥草木灰、生石灰、锯末、黄土等覆盖料将新鲜粪覆盖，使其干燥，同时通过厕坑的通风，太阳能等措施加快新鲜粪便的干燥。通过干燥和酸碱度的改变来达到杀灭病原体的目的。但值得注意的是，不同覆盖料其无害化效果相差较大。

在厕所使用过程中，不同用户使用的覆盖料不同，归纳起来有四种，即草木灰、炉灰、锯末/谷壳和黄土。为了了解不同覆盖料对粪便无害化效果的影响及粪便无害化的时间，我们进行了现场模拟实验。

分别取粪便量约 25kg 与不同覆盖料分别按实际应用比例(约1：3 体积比)将粪便分层覆盖后，加入贮粪池里。制成分别由草木灰、炉灰、锯末/谷壳和黄土为覆盖物，长宽高各约 50cm 的粪堆。同时把数十个盛有猪蛔虫卵的茶叶袋(加标时蛔虫卵死亡率 5.6%～6.3%)；装有 150g 均匀混入沙门氏菌噬菌体 28B 的粪便一同种覆盖料混合物的小不锈钢盒；粪便一同种覆盖料均匀混合物约 1kg，一齐放入大埋藏盒内，置于同种覆盖料模拟粪堆的中部。每个粪堆各放置一个大埋藏盒，该盒内各放二个内有噬菌体混合物的小埋藏盒，定期检测埋藏盒内蛔虫卵、噬菌体、粪大肠菌群的消减数。

表 5-1～表 5-3 的实验数据显示，草木灰是最好的覆盖料，三个月内就使粪便指示菌、试验噬菌体、蛔虫卵等主要指标达到了粪

便无害化标准的要求。其他覆盖料，如炉灰、锯末/谷壳和黄土，对微生物也能产生杀灭效果，试验结果表明除炉灰杀灭粪大肠菌这一指标时间较短外，对微生物灭活所需时间均较长。

不同覆盖物蛔虫卵死亡率（%）　　表 5-1

时间（天）	草木灰	炉灰	锯末	黄土
11	72.65	41.77	44.19	27.31
25	84.61	55.78	53.91	26.23
33	97.06	62.18	57.57	36.64
55	98.26	62.88	64.55	42.17
75	99.05	64.30	67.19	57.80
102	99.62	71.30	67.78	66.66
135	99.62	80.71	74.43	71.71
163	99.79	85.59	83.90	79.80
186	99.92	92.88	88.75	86.76
214	未见活卵	95.90	92.72	92.33
250	未见活卵	97.88	98.10	96.50

不同覆盖物噬菌体残存数（pfu/g）　　表 5-2

时间（天）	草木灰	炉灰	锯末	黄土
0	3.6×10^8	4.6×10^8	4.6×10^8	4.4×10^8
11	2.3×10^8	3.5×10^8	3.6×10^8	3.4×10^8
25	4.2×10^6	6.6×10^7	1.8×10^8	1.5×10^8
33	3.7×10^4	2.9×10^7	5.8×10^6	4.5×10^7
55	3.2×10^1	0.9×10^7	3.2×10^6	3.0×10^7
75	未检出	3.4×10^6	2.4×10^6	1.1×10^7
102		2.3×10^5	1.3×10^6	1.0×10^6
135		3.8×10^4	2.6×10^5	3.4×10^5
163		6.6×10^3	4.0×10^4	1.7×10^5
184		3.7×10^3	1.6×10^3	2.0×10^5
214		2.4×10^3	1.8×10^2	8.0×10^5
250		1.5×10^2	未检出	2.0×10^3
303		未检出		未检出

不同覆盖物粪大肠菌群残存数(菌落数/kg)   表 5-3

时间(天)	草木灰	炉灰	锯末	黄土
0	2.4×10^8	1.3×10^8	1.3×10^9	2.4×10^9
11	6.0×10^6	2.4×10^7	2.4×10^8	1.2×10^9
25	1.3×10^5	2.4×10^6	1.3×10^7	1.7×10^8
33	2.3×10^3	2.4×10^6	2.4×10^6	1.2×10^8
55	<900	1.3×10^6	2.4×10^6	1.2×10^8
75	未检出	2.3×10^4	2.4×10^6	1.2×10^8
102		2.3×10^3	2.4×10^6	1.3×10^7
135		2.3×10^3	1.3×10^5	1.3×10^5
163		2.3×10^3	1.3×10^5	2.3×10^4
186		2.3×10^3	2.3×10^4	1.3×10^4
214		<900	2.3×10^3	2.3×10^3
250		<900	<900	<900

草木灰使粪便无害化效果好且快,其原因是加入草木灰使粪便中 pH 值升高,碱性条件下蛋白质容易变性,这提示我们筛选新的覆盖料,诸如石灰等提供了理论支持。获得草木灰有地区差异,但炉灰很普遍,为提高 pH 值,可加入一定比例的石灰。

一般认为粪中微生物的抗性在低温环境条件下被加强了,在冬季这段时间粪便无害化是最困难的。因此无水冲厕所曾经被认为不适合寒冷地区应用,但是目前的实验数据表明在冬季寒冷的条件下,脱水干燥对肠道致病微生物也可以获得很好的杀灭率。

一年的储存观察,经历了冬、春、夏、秋,尤其是在夏季,每日的观察结果表明,四种覆盖料所覆盖的粪便无臭、无蝇蛆生长,粪便没有对周围环境造成污染。

生石灰、生石灰/炉灰、生石灰砂土作为覆盖料的可行性与局限性:我们选择了几组配方,不管哪一种配方,粪贮存 28 天,粪中最难杀灭的蛔虫卵存活的均小于1%,说明其卫生学的效果非常之好。但生石灰只能在需要改良的酸性土壤中应用,在碱性土壤中是不能应用的,故此种覆盖料有较大的应用地区选择的局限性。

我们建议在酸性土壤与需要快速使粪便无害化的自然灾害时期

应用生石灰、生石灰/炉灰、生石灰砂土作为覆盖料。

生石灰复合覆盖物对蛔虫卵的杀灭率见表5-4。

生石灰复合覆盖物对蛔虫卵的杀灭率　　　表 5-4

时间(天)	覆盖物内容	总卵数	活卵数	死卵数	存活率(%)
0	初始样品	1817	1800	17	99.06
2	70%土	351	320	31	91.16
	50%土	525	400	125	76.19
	70%灰	690	650	40	94.20
	50%灰	652	595	57	91.25
12	70%土	498	375	123	75.30
	50%土	1253	737	516	58.81
	70%灰	926	638	324	66.32
	50%灰	800	470	330	58.75
18	70%土	477	75	402	15.71
	50%土	786	136	760	15.18
	70%灰	860	186	674	21.63
	50%灰	1131	126	1005	11.15
28	70%土	761	5	756	0.66
	50%土	1027	6	1021	0.59
	70%灰	954	7	947	0.74
	50%灰	1061	3	1058	0.29
76	70%土	978	0	978	0
	50%土	1049	0	1049	0
	70%灰	960	0	960	0
	50%灰	1120	0	1120	0

正常情况下我们推荐下列物质作为覆盖料：草木灰、煤灰、黄土、谷壳/黄土等。各地可依据自己的资源进行选择。我们建议的粪贮存时间，草木灰3个月；细炉灰9个月；细黄(沙)土与细锯末需要1年。

(3)尿的收集、贮存、应用

为了防止氮以氨形式挥发和产生难闻的气味，尿收集系统要使用很少量的冲洗水，管道尽量短，尿素在较短时间和快速运送中没有时间降解成氨，不会产生臭味。但尿不降解植物不能吸收利用，因此尿需要降解转化成为氨。降解的尿液呈碱性，不利于部分病原微生物的生存，一定时间的贮存可使尿满足生物性无害化的需要。当尿桶倒空的时候，不必要冲洗，由于保留的底部沉淀中含有能够降解尿素的活性酶，有利于加快尿素的降解。如果冲洗，则可以向尿桶中加入一些比较肥沃的土壤，其中的微生物也有利于加快尿素降解的过程。储存的尿稀释后可以当作肥料使用。

手接触尿液导致疾病传播的风险不可能是零，因此在倾倒尿液后，要注意洗手。

尿作为肥料对土壤的 pH 值平衡几乎没有影响，进入土壤中氨被细菌硝化，释放出两个质子，变成酸，当作物从土壤中获得硝酸根离子时，根部会释放氢氧根离子。在整个循环过程中，总计有两个质子和两个氢氧根离子被释放。

高浓度的氨对生物都具有毒性，这也是使尿在贮存期间无害化的原理。亚硝酸根是在尿硝化过程中形成的中间产物，在短时间内大部分氮是以亚硝酸盐的形式存在，对大多数细胞也有毒性。这意味着尿不要直接浇到植物上，因为尿中的高浓度氨会灼伤植物，也不应该浇到根部让根完全浸没其中，如果根完全浸入，作物会很快死亡。

不要将尿肥施到对氨（例如大豆和苜蓿）、亚硝酸盐、钠或者氯化物（马铃薯、西红柿和草莓）敏感的作物。尿适合给小树施肥，其可以施在种植之前或者距离植物 20cm 的地方，或者在施肥之后浇水，把多余的尿和氨冲入土壤中。

试验证明尿中氮的肥效接近化学肥料相同氮量的 90%，粗略的计算是每人每天产生的尿施在 $1m^2$ 土地上。如果庭院等施肥空间有限，一些谷物（玉米）和果树，应用比例可增加 3 到 5 倍。

5.2 适 用 地 区

我国南方、北方地区多省市有应用。粪尿分集式生态卫生旱厕，适宜在干旱缺水、日照较充足的地区使用。可用水冲的粪尿分集式生态卫生厕所，与三格化粪池式、三联通沼气池式、双瓮漏斗式厕所的应用范围相同。

在不同地区设计粪尿分集式生态卫生厕所时，便器、贮粪池、贮尿池结构应依据当地的实际，因地制宜的进行相应改进。

5.3 技 术 特 点

1. 优点

粪尿分集式生态卫生厕所，具有粪便就地无害化、没有臭味、不孳生蚊蝇、粪、尿可以资源化利用、节约水资源，减少生活污水的排放与处理量、造价适度、可建造在室内与室外可朔性强。粪尿分集式生态水冲厕是一种新型厕所模式，为大范围粪尿分集资源化利用奠定了基础。

旱厕少用与基本不用水，这点对缺水地区尤为可贵。水少不会造成污染扩散，减少水污染。把粪、尿中的养分循环利用，减少水体的富营养负荷。全面使用粪肥可减少 40％的化肥使用量，产生多重的环保效益，对可持续发展是一种难以估量的巨大贡献。

能有效切断肠道传染病及肠道寄生虫病的传播途径。利用废弃物(草木灰)处理废弃物粪便，既能将粪便脱水干净，消除臭味，又能有效地杀灭粪便中的致病微生物和虫卵。人体的这些致病微生物的生存环境是一种水环境，采用干燥脱水的办法从源头上杀灭致病微生物，从理论上更具有科学性，在实际检验中也得到证实。

粪尿分集式厕所虽然技术简单，却代表了世界上最先进的对人类排泄物进行处理的观念及趋势。

2. 缺点

粪尿分集式旱厕需有必备的条件：有覆盖料；使用尿、粪肥；无家庭饲养业；建筑物不是高楼。

目前，由于很多农村地区不再使用秸秆作为燃料，所以也就没有草木灰，没有厕所覆盖料。在这种条件下，厕所会产生臭味和苍蝇，也会达不到粪便无害化处理的要求，因此，生态卫生旱厕在这种地区应用就会受到限制。

还有一些农村地区，特别是城市边缘地区以及景区周边地区，农民没有耕地，这样尿肥和粪肥没有办法在耕地中使用，正如前段时间媒体报道，在云南滇池周边修建了很多生态卫生旱厕，但是分离的粪尿肥不能回归到耕地作为肥料，所以仍然不能解决滇池富营养化的问题，反而一些厕所被闲置，造成资源、人力和财政的浪费。

在一些家庭饲养业发达的地区，由于畜、禽所产生的粪尿变成了主要问题，粪尿分集式旱厕没有能力处理粪尿已经混合的畜禽粪便。

粪尿分集式旱厕，不用水，粪基本保持固态，流动性差，在多层建筑物上运输、转移技术匮乏，因此不建议应用该模式。但粪尿分集式水冲厕，解决了这一问题，可通过试点获得经验而推广应用。

5.4 设 计

户厕-10：粪尿分集式生态卫生厕所的设计

修建一座粪尿分集式生态卫生厕所，首先要进行选址。粪尿分集式生态卫生厕所的位置与其他模式厕所一样，要考虑方便使用、利于管理。由于粪尿分集式厕所可以设计成旱厕模式，采用脱水的方法使粪便无害化，因此有利于寒冷地区农村应用，寒冷地区厕所防冻问题的解决，根本方法首选厕所建于室内，建于室内虽然由于粪在输送、遮蔽方面存在一定的困难，但也可以做到，这方面吉林省的经验可以借鉴。建造在院内，如能与起居间连通，也能足不出户就能解决方便的问题，在寒冷地区农村，解决了冬天如厕难题，会受到农民群众的欢迎。

厕所选址除考虑应用与管理方便外，还要注意到对粪便贮存过程的影响，有助于粪便无害化。在地下水位较低的地区，如超过

2m，一般不会因为地表水与地下水的渗入，可将贮粪池修建地下或半地上，在地下水位较高的地区，贮粪池则只适宜修建在地上或半地上。这个问题很重要，我们有由于在地下水位高的地区，贮粪池修建在地下，"粪"如果不能及时干燥，厕屋内臭气就会加重、粪无害化效果差，致使改厕失误的教训。

厕所的贮粪池要有防水设计，即防外面的水渗入又要防止粪液漏出，贮粪池的池体更不能有裂缝，如果在土壤为沙质、岩石层修建贮粪池，要适当提高防水设计要求。

厕所的贮粪池要有加快粪干燥的设计，尽量不选择妨碍粪干燥的地方建造厕所。要考虑到贮粪池可接受阳光日照。

厕所设计不要忽略男用小便池。

粪尿分集式生态卫生旱厕的粪呈固态，在贮存过程中逐步干燥，不具流动性，对地下水污染几率低，选址对水源卫生防护距离的要求不高。

南方潮湿、高热地区的模式特点为，由于用肥频率高于北方，贮尿池较小，并注意避免阳光直晒、减少贮存时间；贮粪池充分利用太阳能加快干燥；覆盖物要充分，防止臭气外溢；设计时要考虑排气管的合理安装等。

5.5 北方寒冷地区的厕所模式

户厕-11：北方寒冷地区的厕所模式

5.5.1 设计

寒冷地区的模式特点为，设计的贮尿池较大并建造在地下，贮粪池采用半地上、半地下的结构，此类结构有利于防冻，如图5-8所示。

在吉林省某县我们建造过此类模式的粪尿分集式旱厕，该县地势大致北高南低，只有东北部是南高北低，属于综合性山川地貌。海拔最高1477m，最低135m。水资源较丰富，地下水位较高，试

验地区据地表 1m 即可见水。该
县属于北半球西风带大陆性季风
气候，11 月中旬至次年 3 月下旬
为冬季，年平均气温 4℃，年平
均日照 2350h，年平均降水量
539.7mm，年平均蒸发量
1184.6mm。依据当地低温、水
位高、蒸发量大、日照时间长、
经济欠发达的特点，采用了上述
技术。关于覆盖物的问题，由于
该地区燃料品种复杂，煤灰、秸
秆烧制的草木灰、干黄土等用来
作为覆盖物，依家庭的生产经营
活动不同而异，覆盖料的选择也
不同。

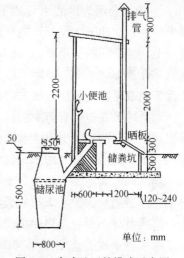

单位：mm

图 5-8　寒冷地区的模式示意图

5.5.2　施工

选定厕所模式、确定建厕方位后按图放线开槽，厕所主体各部
分的施工应与设计结构相一致。

在各地区的厕所建造施工中，如何打地基，包括用料、地基的
厚度等，应按建筑要求执行，本文不另赘述。

1. 贮粪池的施工

若建造寒冷地区的厕所模式，贮粪池要与贮尿池一起放线开
槽，其他模式的厕所，由于仅建造贮尿桶存放处，仅需在打地基时
将贮尿桶存放处面积一并计算即可。

以全地下单坑贮粪池为例，放线 1.7m×1.5m 成坑，深度
1m，以混凝土铺底 10～15cm 打基础，24 墙结构打地基，背阴部
预留排尿的管道，使贮粪池净剩 1.2m×1m×0.8m，内实际容积
为 0.8m³。若土质密度大，贮粪池也可砌 12 墙，放线时长宽各减
除一个 24 墙的厚度即可。

地下水位高的地区，贮粪池的内外墙均需做防水处理，防水处

理要求高；地下水位低、土质较好的地区，仅需做贮粪池的内墙防水处理。

贮粪池出粪口端的地面高于里侧一砖的高度，形成一个微小的坡度，方便用铁锹清理贮粪池。

2. 贮尿池的施工

寒冷地区模式的粪尿分集式厕所贮尿池需要开挖 1.7m 深的坑，在地基上混凝土层需要 15cm 左右的厚度，在其上部砌瓮形贮尿池。

在寒冷地区与使用尿肥的农村地区，可砌成一个瓮形的贮尿池，也可用一个缸作为贮尿池的底部，缸的防渗功能好，但荷载略有不足，需注意加固。在寒冷地区，无耕作时间近半年，按平均每人每天 1.5L 尿需要贮存，每家按 4 口人计算，贮尿池至少需有 1.0m³ 的容积，但在调查中发现，实际由于人员的外出活动，不可能每人每天的尿全部收集到，大约仅能收集一半，为减少投资按一半尿量计算，贮尿池容积不少于 0.5m³，基本能满足需要。在寒冷地区不适宜使用"桶"收集尿液，虽然使用桶的操作较为方便，但是几天一个尿冰砣放置在农田里，数量多了实在不美观，另外在日光的作用下，水分蒸发，氮磷钾丢失，遗留在土壤的仅剩盐类成分，而影响土壤的品质。

贮尿池上口应高于地面 10cm 左右，上口直径依方便取尿施肥即可，以不大于 30cm 为宜并需加盖，防止儿童不慎落入。

3. 晒板的施工

晒板可用铁板制作，并将其正反两面用沥青涂黑，有利于吸热和防腐。一般晒板处也是出粪口，所以要求晒板加框、安装合叶，方便开闭，与贮粪池的结合要严密，防蚊蝇出入和防风倒灌。在晒板上方制作防水檐，防止漏雨。

部分地区农村由于经济条件等方面的原因，用水泥板代替金属板，实践证明除因笨重不方便开闭外，在吸收热能、严密性方面尚能满足要求。

有人为了"美观"将晒板涂成白色，白色反射强吸热差，中外均有这样的情况发生，一定注意，此法不可取。

4. 排气管的施工

排气管的底部应该与贮粪池相通，顶端要高于厕屋 0.5～1m，中间不要有过多的拐弯，多雨地区排气管的顶端应加弯头，弯头的朝向需注意季风的影响，防止风倒灌。

排气管可选用内径 10cm 的塑料管，也可用砖砌建，用砖砌建时其内孔需要稍大，管道内壁光滑以减少对湿臭气的吸附。

建好后在贮粪池里点燃一张废纸，观察烟气排放是否有力、通畅，直至满意为止。

内径小与不够高度的排气管，由于排气力量不足，影响厕所使用效果，检查工程质量时需予以注意。

5.5.3 施工流程图

其施工流程图如下：

(1) 在地面挖一个长宽深分别为 2m×1.5m×0.8m 的坑，在坑底部垫上 3cm 石头，将较大的石头打碎，铺上细沙土，这是为了防止地基下沉。以 24 墙结构打好地基，背阴部预留排尿的管道，可以用红砖或者空心水泥砖修建贮粪池的池壁，最终使贮粪池净剩 1.2m×1m×0.8m，内容积 0.8m³，用水泥砂浆将贮粪池底部和池壁抹平。在贮粪池向阳处修一个类似斜屋顶形状，长宽为 0.8m×0.6m，倾斜角度为 45°～60°的出粪口，用水泥将出粪口周边抹平，盖上晒板（可以是由水泥、钢筋混凝土制成或者是铁板），用沥青将晒板表面涂黑。

(2) 在贮粪池旁边挖一个深度为 1.8m 贮尿池或者在当地的冻土层以下，在坑的底部放置一个水缸或者尿桶（可以是塑料的，体积大小按每日小便量和倾倒的频率计算），缸上用砖糊成直至地面上 15cm 左右。贮尿池上口直径不宜大于 30cm。从贮尿池连接一个尿连接管到贮粪池的便器口。有单独小便池可以连接一根管到贮尿池，或者与便器的并联。贮尿池的尿排入口要埋于冻土层以下。

(3) 在贮粪池上盖上蹲板，蹲板上预留有便器口和通风口。在蹲板上修建厕屋，厕屋墙厚度一般为半砖或者根据当地的气候条件确定。根据贮粪池高度修建几级通向蹲板的台阶。在蹲板上插入排气管，排气管顶部高出厕屋 10cm，并在顶部安装防雨和防蝇罩。排气管也可以直接安装在厕屋外贮粪池出粪口附近，其他条件与安在厕屋中相同。

（4）在厕屋安装窗户，其大小依据厕屋大小而定，在窗户上安装纱窗和玻璃，在夏天通风，在冬天保暖，同时使厕屋有一定的亮度和光照。厕屋的门可以是无窗的或者带有百叶窗形式木头门，带有百叶窗的有利于厕屋内的通风，减少厕屋内的臭味。

（5）有条件的可以在蹲板上镶嵌一层瓷砖，便于清洁；在便器附近放置一个灰桶和纸篓，每次便后，向贮粪池中撒一到两碗灰，将用过的手纸放入纸篓中统一处理。

5.5.4 维护与管理

粪尿分集式生态卫生旱厕的管理比水冲式厕所简单，但必须正确使用粪尿分集式生态卫生厕所，才能体现它的优点，任何卫生厕所的维护和管理都非常重要，俗话讲"三分建，七分管"，如果厕所使用者不了解使用管理的基本要求，维护不善，地区的健康教育部门没有恰当的指导，很可能导致粪尿分集式生态卫生厕所不能发挥应有的作用或者失败。

"三分建，七分管"是卫生厕所可持续性发展的共同条件，根据在全国 10 余省、市推广的经验，总结一般的管理要求 10 条，其中关键仅一条："大量加灰"。

具体分述如下：

（1）新厕所使用前要在贮粪池底部铺一层草木灰或干燥的灰土（以后每次清理粪便后再重新铺一层灰）厚度不少于 10cm，多则不限。在粪池底部铺一层草木灰或干燥灰土的目的主要是避免"粪"与贮粪池的直接接触，防止水泥地面吸收"粪"中的臭味，不使厕所在使用过程中变臭。另外垫料可以吸收粪便水份，降低粪池的湿度。

（2）便后加灰。每次便后相应向贮粪池内加入 3 倍粪量以上干燥的草木灰等覆盖料，然后盖上便器盖子。草木灰等覆盖粪便，使臭气被吸附在覆盖料上，而不向空气中扩散，使臭气封闭在贮粪池内。如果不习惯每次便后加灰，每周一次大量加灰，定期修补管理，也可达到类似效果。

(3) 厕所内应配备灰桶、灰勺子器具便于向贮粪池内加草木灰或其他灰土；纸篓，以保障手纸不入坑(市售卫生纸易降解可入坑)。用过的卫生纸可以暂时存放在一个纸篓里，不要丢入厕坑内。农村使用的"卫生纸"种类繁多，多不易消解腐烂，利用粪肥的同时则会造成农田的污染，厕纸应该集中进行焚烧处理。

(4) 及时清洁便器污渍。便器沾染污渍以后，要及时进行清洁。清洁时可用毛刷沾些灰擦拭，尽量不要用水(用了水要补加一些灰)。

(5) 单坑户厕要适时翻倒。单坑户厕造价低，群众乐于接受。但存在新、旧粪便混放，不可能同步达到无害化，不能一起清掏；另外定期翻倒可使储粪尽快干燥，有利于厕粪无害化。

(6) 厕粪储存一年再清掏。由于粪便中致病微生物的种类繁多，在外环境中的生存能力不同，由于气候差异，以及使用不同的覆盖物，粪便无害化所需要的时间有很大的区别。气温高、湿度低、使用草木灰或生石灰作为覆盖物，翻倒与管理得当，三个月粪便即可无害化，同样条件下使用土灰作为覆盖物却要半年以上。

(7) 厕坑加盖。我们希望储粪坑与储尿池都能密闭防苍蝇，而且能分别建有排气管，有效地去除臭味、挥发水分并彻底杜绝蚊蝇的孳生。

(8) 保持厕所清洁，厕坑干燥。厕坑干燥实际做到比较困难。在广西我们宣传了几次，还有1/3居民没有掌握合适的加灰量，其厕坑还是潮湿的；在山西我们做了示范仍然有相当部分户厕没有达到干燥状态；在吉林做实验研究时，有大部分的户厕非常潮湿，当然现在已经有很大的改善，但加灰量的督促检查依然非常重要。厕坑干燥，厕所不臭，粪便无害化进程快；厕坑潮湿，厕所会有小虫生长，粪便无害化的速度慢，闻到有臭味或发现小飞虫时，说明粪尿分集式生态卫生厕所的使用与管理出现了问题，要马上进行补救，补救的措施很简单只有一条，即改变厕坑干湿状况，把灰量加足即可；厕坑很湿，厕所发臭，有蝇蛆，粪便一年也达不到无害化标准的要求。

（9）尿液要及时应用，储存时尽可能做到密闭。一般情况尿贮存 10 天即可应用；有钩端螺旋体病流行时，尿需存储 2 个月以上；若遇相关疾病流行时，尿贮存时间可由当地卫生部门确定。

（10）粪尿分集式生态卫生水冲厕的管理，相应参照三格化粪池、三联通沼气池、双瓮漏斗式厕所即可。

5.5.5　造价

粪尿分集式生态卫生厕所根据使用的材料不同，造价有所不同。

1. 使用红砖（表 5-5）

使用红砖为建筑材料的粪尿分集式厕所参考造价表　　　　表 5-5

材料	单位	用量	单价(元)	参考价格(元)
红砖	块	1400	0.30	420.00
水泥	袋	6	20.00	120.00
砂石	m³	2	50.00	100.00
钢筋 $\phi4\sim\phi6$	kg	20	2.00	40.00
蹲便器	套	1	36.00	36.00
厕所门	扇	1	90.00	90.00
厕门五金件	套	1	10.00	10.00
太阳能晒板	块	1	30.00	30.00
晒板五金件	套	1	4.00	4.00
排臭排尿管	根	1	20.00	20.00
弯头及风帽	套	1	10.00	10.00
人工费	日	3	80.00	240.00
其他费用				80.00
合计				1200.00

注：基坑为现浇钢筋混凝土，也可用红砖水泥砌筑（造价相同）。

2. 使用预制菱镁板（表 5-6）

使用预制菱镁板为建筑材料的粪尿分集式厕所参考造价表　表 5-6

材料	单位	用量	单价（元）	参考价格（元）
菱镁板材	套	1	340.00	340.00
水泥	袋	6	20.00	120.00
砂石	m³	2	50.00	100.00
钢筋 $\phi4\sim\phi6$	kg	20	2.00	40.00
蹲便器	套	1	36.00	36.00
厕所门	扇	1	90.00	90.00
厕门五金件	套	1	10.00	10.00
太阳能晒板	块	1	30.00	30.00
晒板五金件	套	1	4.00	4.00
排臭排尿管	根	1	20.00	20.00
弯头及风帽	套	1	10.00	10.00
人工费	日	1.5	80.00	120.00
其他费用				80.00
合计				1000.00

注：基坑为现浇钢筋混凝土，也可用红砖水泥砌筑（造价相同）。

3. 使用预制彩钢板（表 5-7）

使用预制彩钢板为建筑材料的粪尿分集式厕所参考造价表　表 5-7

材料	单位	用量	单价（元）	参考价格（元）
彩钢板材	套	1	682.00	682.00
水泥	袋	6	20.00	120.00
砂石	m³	2	50.00	100.00
钢筋 $\phi4\sim\phi6$	kg	20	2.00	40.00
蹲便器	套	1	36.00	36.00
厕所门	扇	1	90.00	90.00
厕门五金件	套	1	10.00	10.00
太阳能晒板	块	1	30.00	30.00
晒板五金件	套	1	4.00	4.00
排臭排尿管	根	1	20.00	20.00
弯头及风帽	套	1	10.00	10.00
人工费	日	1.5	80.00	120.00
其他费用				80.00
合计				1342.00

注：基坑为现浇钢筋混凝土，也可用红砖水泥砌筑（造价相同）。

5.5.6 施工图纸

见图 5-9～图 5-12。

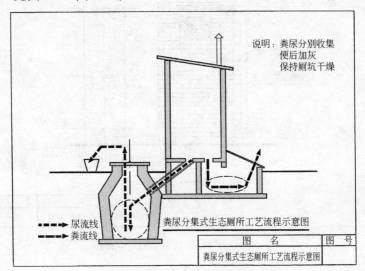

说明：粪尿分别收集
便后加灰
保持厕坑干燥

粪尿分集式生态厕所工艺流程示意图

----尿流线
----粪流线

图 名	图 号
粪尿分集式生态厕所工艺流程示意图	

图 5-9 粪尿分集式生态厕所示意图

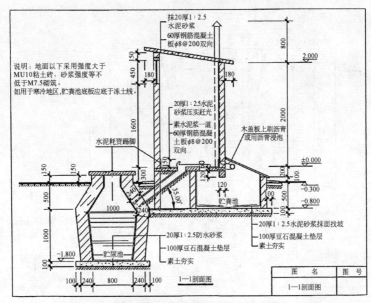

1—1剖面图

图 名	图 号
1—1剖面图	

图 5-10 粪尿分集式生态厕所剖面图

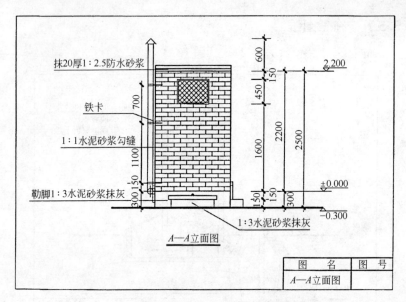

图 5-11　粪尿分集式生态厕所立面图

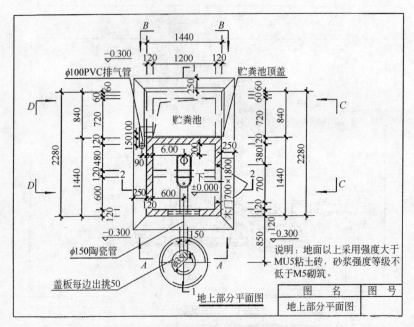

图 5-12　粪尿分集式生态厕所平面图

5.6 南方潮湿地区厕所模式

户厕-12：南方潮湿地区厕所模式

南方潮湿、高热地区的模式特点为，由于用肥频率高于北方，贮尿池较小，并注意避免阳光直晒、减少贮存时间；贮粪池充分利用太阳能加快干燥；覆盖物要充分，防止臭气外溢；设计时要考虑排气管的合理安装等如图 5-13 所示。

我们曾在广西壮族自治区某县建造过此种模式的户厕，该县年日平均气温 18～22℃，年平均日照 1912 小时，无霜期352 天，属亚热带季风气候，年降雨量 1100～1350mm，气候温和，光照充足，夏热冬暖，是适合种植的农业县，肠道传染病发病率 300/10 万以上，主要以肝炎、痢疾、肠炎为主，中、小学生蛔虫感染率较高。

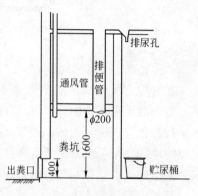

图 5-13　南方潮湿地区模式示意图

鉴于需求，建造了室内粪尿分集式户厕，覆盖物用草木灰，草木灰产量大，在该地区应用草木灰作为覆盖料没有任何困难。

其他内容同 5.5。

5.7 中原地区厕所模式

户厕-13：中原地区厕所模式

此类地区需求厕所模式特点为，覆盖物为煤灰、沙性土壤，该覆盖物的吸水性能不强，为保证贮粪池的干燥，覆盖物使用量大，因此设计时要加大贮粪池的容积，设计容积不应小于 1m³。尽量不设计贮粪池全地下结构的粪尿分集式旱厕，必须设计时，要预防出粪口雨水的流入。中原地区模式示意图见图 5-14。

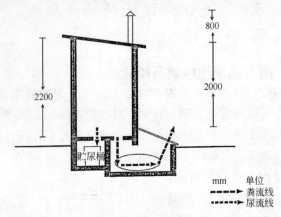

图 5-14 中原地区模式示意图

在管理方面应要求农户把煤灰等压成细末状，可提高使用效果，冬季取土覆盖物困难，可预存或与煤灰交替使用。

我们也曾在中原地区试用过此类模式的户厕，该地区群众要求厕屋的地面必须低于其他所有房屋的地面，按其要求设计的模式为贮粪池全地下的结构，包括两种即单坑与双坑。

其他内容同 5.5。

5.8 无应用粪肥习惯地区的厕所模式

户厕-14：无应用粪肥习惯地区的厕所模式

牧区、少数民族地区，有的因为放牧生产方式，对尿液的氮、磷、钾没有需要，有的虽然是农业种植地区，但没有应用尿液习惯，我们设计了尿液的排放管道，将尿液引到庭院的果树周围或菜园周围，利用农作物消纳尿液的营养成分，加大贮粪池的容积至 $1\sim1.2m^3$ 的设计，（图 5-15）

图 5-15 青海省修建的粪尿分集式生态卫生旱厕

在青海那样的干燥地区取得成功。4~6 口人之家，装满贮粪池大约需要 3 年，3 年清理一次干燥的粪与覆盖料的混合物，即无粪便的性态，也无粪便的臭味，农牧民群众是乐于接受的。

5.9 应用水肥习惯地区的厕所模式

户厕-15：应用水肥习惯地区的厕所模式

我国东部地区农村水源丰富，农业施肥有应用水肥的习惯，为节约用水，减少水污染对环境的影响，也可采用粪尿分集式水冲厕的模式。该模式便器的选择、厕屋结构与上述几种类型没有区别，而贮粪池的结构与三格化粪池式厕所、双瓮漏斗式厕所、三联通沼气池式厕所是异曲同工的。把排放口与三格化粪池的第一池、双瓮漏斗式厕所的前瓮、三联通沼气池的沼气池连通，粪进入贮粪结构，尿通过排尿管道进入贮尿池或通过地下管道排放。

综上所述，不同的地区粪尿分集式厕所应该有不同的模式选择，覆盖料的选择也需要因地制宜，粪便无害化需要的时间、厕所管理的方法也应该不同，但其达到的效果应该是一致的。

5.10 施 工 图 例

5.10.1 材料准备

贮粪池盖板是重要部件，可采购市场上现成的，也可以自己制作。注意，预制盖板时，要根据贮粪池的大小确定，做到因池制宜，灵活掌握。制作的方法如图 5-16 和图 5-17 所示。

5.10.2 新建

户厕-16：新建

挖厕坑，双厕挖长 2m、宽 1.5m、深 0.4m（单厕长 1m、宽

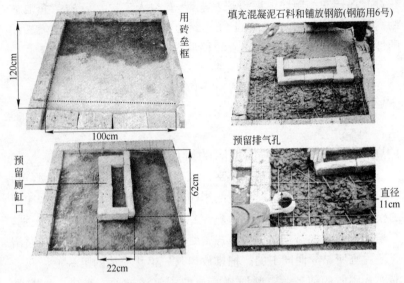

图 5-16 用砖垒框、预留便器口、浇筑和预留排气口

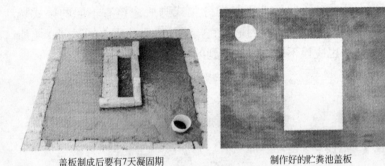

图 5-17 7 天凝固的产品和成型产品

1.5m、深 0.4m)，在池底铺放防渗材料，用新砖铺设池底和建设地下部分。垒建男女双厕贮粪池，长 2m，宽 1.5m，高 0.8m(地上 0.4m，地下 0.4m)，对池壁用水泥防渗处理，安装盖板。安装便器和排尿管和排气管，排尿管用直径 5～7cm 聚氯乙烯管，将排尿管引向背阴处。自制排便口盖板，在男厕中加挂小便器，加盖晒板。见图 5-18～图 5-22。

图 5-18 贮粪池施工

图 5-19 垒建贮粪池、防渗处理和安装盖板

图 5-20 安装便器、排尿管和排气管

图 5-21 便器口盖板(左)、小便器(中)、加盖晒板和排气管(右)

图 5-22　建好的粪尿分集式生态卫生厕所外观图

5.10.3　改建

户厕-17：改建

　　在农村地区还存在许多的旧的坑式厕所，在旧式厕所的基础上进行改建具有投资少、效果好、方法也比较简单的特点。改造成粪尿分集式生态卫生旱厕可以按照如下步骤进行：把原来的厕坑砸掉，挖出贮粪池。按贮粪池后端的宽度，扒开后墙，留出粪口（注意出分口上端要做承重处理，如加预制过梁等），以便放晒板，垒砌贮粪池。按防渗和防漏的要求，处理池壁和池底，铺放盖板，稳平泥实。安装便器、排尿管、排气管。整理出粪口，安装晒板。整理泥平，贴瓷砖。如此，一座粪尿分集式生态卫生旱厕就建造完成。其所需要的费用一般在 300～500 元左右。经济条件好的农户，地上部分的厕屋和蹲板等可以进行装修，如贴瓷砖等。见图 5-23～图 5-29。

图 5-23　旧式的旱厕外观和内部蹲坑

图 5-24 砸掉原有粪坑和挖出贮粪池

扒开后墙留出粪口

图 5-25 留出粪口和砌贮粪池

图 5-26 池底防渗处理和铺放盖板

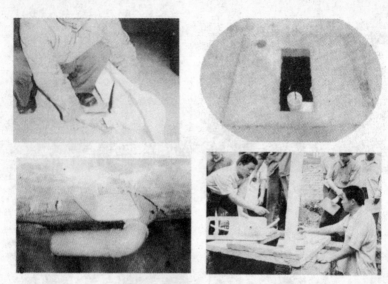

图 5-27　安装便器、连接排尿管和安装排气管

图 5-28　贮粪池晒板

图 5-29　改建完成的厕所内部实景图

5.11　建　造　误　区

见图 5-30。

图 5-30　排气管太短、太细(左)和排尿管太细(右)

6 双瓮漏斗式厕所

6.1 概　述

6.1.1 发展历程

　　双瓮漏斗式厕所是 20 世纪 80 年代河南省卫生人员，结合河南省农业生产用肥特点，为适应控制河南肠道传染病高发病率、经济条件又不发达的实际条件而发明的，这个不起眼的小发明在豫东平原出现，因其具有结构简单、造价低廉、取材方便、去臭保肥、不生蝇蛆、肠道传染病发病人数明显减少，很受农村人民群众欢迎，得到迅速推广。农民为此编了顺口溜："双瓮厕所是件宝，多积优肥庄稼好，进口尿素比不了，清洁卫生疾病少"。随着"双瓮漏斗式厕所"的出现，河南省的农村改厕工作步入了一个崭新的局面，上世纪 80 年代末在中原大地掀起了一场轰动全国的改厕高潮，历史上曾称之为"厕所革命"。

　　双瓮漏斗式厕所是汲取民间经验并经改进提高，来之于民、用之于民的一种厕所模式。其基本原理是利用粪便在前瓮中崩解、液化，并在厌氧、兼性厌氧微生物的作用下，将粪便中的各类有机物降解消化，造成酵母菌生长的有益环境而不利于肠道致病菌生长的条件，微生物的自然竞争和拮抗作用，能使致病菌逐步减少，肠道寄生虫卵沉淀，肠道致病菌大幅度减少，从而达到粪便微生物致病因子无害化的目的。在此过程中：尿素分解转化为能够迅速被农作物吸收利用的游离氨，同时游离氨浓度的增加，不利于肠道致病菌与肠道寄生虫卵的生存；利用寄生虫卵的比重大于液化后的粪液，采用中层溢流过粪的方法，阻止上层漂浮的含有新鲜粪便的粪皮和含有寄生虫卵下层粪渣进入后瓮；利用漏斗形便器置于前瓮上部，增加粪池的密闭性，阻断蝇蛆繁殖通道，达到防蝇、防蛆和部分防臭的目的。

6.1.2 组成

主要由漏斗形便器、前后两个瓮型贮粪池、过粪管、盖板和厕室组成。

1. 漏斗形便器

漏斗形便器宜用陶瓷制作，也可以用水泥、塑料预制，但其表面应涂一种高分子涂料，增加光滑性。比普通水冲式便器要深，坡度要大，有利粪便的冲洗。前瓮建在厕室地下，将漏斗形便器置于前瓮的上口，不用水泥固定，可随时提起，以方便从前瓮清渣。有的地方将前瓮建在厕室外地下，便器下面应连一个排粪管通到厕室外的前瓮内。

漏斗形便器应配一个外形和池口相似的带柄的盖（其他材料也可以），质量要轻巧，河南曾广泛使用麻刷椎。不管使用盖还是麻刷椎，主要目的是，平时能塞紧漏斗口，方便时易提起，便后易盖严。

2. 前后瓮式贮粪池

地下部分由前后两个瓮形贮粪池组成，所谓瓮即中部肚大，上口下底小。前贮粪瓮略小，后贮粪瓮大些。可采用砖混砌筑，也可采用混凝土或其他建筑材料预制后安装。

前瓮瓮体中间内径不得少于 80cm，瓮体上口圆内径不得少于 36cm，瓮体底部圆内径不得少于 45cm，前瓮的瓮深不得小于 150cm。确定前瓮的有效容积时，可根据家庭人口数和粪便排泄量、冲洗漏斗用水量〔南方地区按 3L/（人·日）；北方地区按 2L/（人·日）来计算，要求粪便必须在前瓮贮存 40 天以上，保证达到粪便在前瓮中厌氧消化发酵、液化、氨化、沉淀虫卵和去除病菌所需的时间。

后瓮粪池主要是储存粪液。后瓮瓮体中间内径不得少于 90cm，瓮体上口内径不得少于 36cm，瓮体底部内径不得少于 45cm。后瓮瓮深不得小于 165cm。确定后瓮的容积时，可根据当地用肥习惯而定。经前瓮消化、腐熟的粪液经过粪管溢流进入后瓮。后瓮贮存的粪液是优质的农家肥料。

在寒冷地区，可把前后瓮形贮粪池的上口部加长，形同脖颈，以利瓮体深埋，达到防冻作用。

3. 过粪管

过粪管连通前、后瓮形贮粪池，为保证中层溢流过粪要前低后高，厕所应用时，前瓮粪液要始终保持在高位水平，才可有效防止上层粪皮和下层粪渣进入后瓮。过粪管可采用塑料、水泥等管件，要求内壁光滑，管内径为 12cm，长度可根据实际需要而定，一般为 55～60cm。

4. 瓮盖

后瓮贮粪池上应有完整的水泥盖，要求"水泥盖"盖得严，出粪时水泥盖打得开，后瓮上口应高出地坪 10cm 以上，有利于防雨。

5. 厕屋

厕屋的设计和施工应适应用户的经济条件、当地材料来源、习惯，当然前提必须满足安全要求。墙体一般用砖砌 12 墙或 24 墙，也可用厚度在 6cm 的水泥预制板组装，有的地方可用土坯或干打垒围成墙。如有条件，室内墙壁 1.2～1.5m 以下用瓷砖贴面或水泥抹面。屋顶可任选水泥预制板、石棉瓦、陶瓦等材料覆盖。厕门可用金属、木、竹等材料制造，关闭自如、通风、防蚊蝇即可。

厕屋内应设置洗手、照明设施。

6. 其他配套物品

(1) 洁净卫生纸存放器具；

(2) 废纸篓；

(3) 贮水缸(池)及水勺，供冲厕、刷洗便器用；

(4) 扫帚及刷子。

6.2 适用地区

双瓮漏斗式厕所在我国广泛应用，自河南省创建出该模式厕所以来，几乎遍布我国各地的农村，由于使用广泛，各地均在原有的基础上有些变化。

6.3 技术特点与局限性

1. 特点

（1）便器：最初的设计选择了漏斗形便器，比普通便器深，坡度大，有利于用水舀舀水冲洗粪便；便器与前瓮直接相通，漏斗式可以防止粪便迸溅。为防止臭气外溢与方便打扫厕所，河南曾广泛使用麻刷椎。水封式便器与排粪管的应用，解决了上述迸溅、臭气外溢等方面的问题，麻刷椎塞堵便器口等作用消失，但为节约用水漏斗形便器与舀水冲洗粪便的方式，依然保留。

（2）瓮形的贮粪池

所谓瓮即肚大，上口、下底小，其作用包括防止蛆虫往外爬、有利于气体在瓮内回流。现在更多使用的瓮体没有弧度，是方便加工的直坡状瓮体。

（3）效果观察，即观察后瓮菌膜的形成，由于贮存周期较长，中层粪液溢流缓慢并稳定，粪液高层贮存形成了相对厌氧环境，酵母菌等大量生长构成菌膜，由于生物竞争、拮抗等一系列的作用，肠道微生物下降，农民群众总结出经验，在后瓮形成厚厚的一层菌膜时，粪便无害化的效果即可满足要求。

2. 局限性

与三格化粪池、三联通沼气池模式厕所相同，其粪渣、粪皮不能直接应用，也不能随意丢弃，需要经过高温堆肥处理之后才能农业应用。

最初的设计，便器直接放置在前瓮上，由于人们认为前瓮是一个绝对的厌氧环境，没有安装排气管，前瓮的臭气可以从便器口溢出，厕屋内始终有一些令人不快的味道，成为推广应用的障碍。近来人们改变了这一设计，不管是粪便直排前瓮或通过排粪管进入前瓮，在前瓮上口连接一直径 10cm，高出厕屋顶 50cm 以上的排气管，厕屋内可以认为无臭了。

过去的设计双瓮漏斗式厕所难以在高寒地区农村应用，近期深埋瓮形贮粪池并增加了径高的设计模式，解决了一定的问题。

6.4 二合土双瓮漏斗厕所

户厕-18：二合土双瓮漏斗厕所

6.4.1 设计

双瓮漏斗式厕所的施工，应遵照先地下后地上的原则。依原有院墙挖坑，多数家庭将厕室、前瓮、后瓮均建于院内，也有部分家庭将后瓮建在院外。前、后瓮体在坑内就位后，周围均匀分层回填土并逐层夯实，然后再建地上厕屋部分。

最好将厕所建在院内，方便老人、小孩使用，晚上又安全；远离水源和厨房。

6.4.2 建造

二合土建造方法是早期采用的方法，瓮体采用二合土结构可以降低造价，适合在贫困与运输不便的地区采用，见图 6-1。

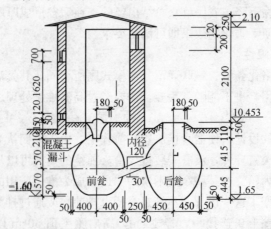

图 6-1 双瓮漏斗式厕所施工简图

（1）预制水泥漏斗：漏斗是蹲位便器部分，小便器槽长 20cm，宽 7～9cm。先从地面挖出模型，上口直径 13cm，预制内径 8cm，小口空隙放下 1 个盐水瓶，周围留出 2.5cm 的空隙，即是水泥预制的厚度。

（2）二合土瓮的制作：

1）配料：白灰面 30%，黏土 70%，过筛掺匀。湿度为混匀的配料一抓成团，丢下散开。

2）挖瓮：挖前后瓮时，首先确定两瓮距离，两瓮中心距离 121cm，开挖粪瓮直径 42cm，前后瓮垂直深度 36cm 圆桶形，先用二合土砸实后直径约为 36cm，以防向下挖坑时崩陷，然后沿弧形再向下开挖，前瓮直径最大处约为 88cm，深 150cm，后瓮直径最大处约为 99cm，深 165cm。

3）砸制瓮壁：挖好前后瓮后，用二合土砸制瓮壁，夯实并用瓶打磨光滑。

4）刷浆：砸制好的瓮壁 24 小时后，用排刷把调制的纯水泥浆普刷瓮壁，如盆挂釉，保养 5～7 天后，兑上清水约 75L 备用。

5）安装过粪管，过粪管内径 10～12cm，长 60cm 左右，可以用水泥混凝土预制，也可用陶管或塑料管，从前瓮的下部（前瓮下 1/3 处）向后瓮的上部斜插（至后瓮上 1/3 处），上角与瓮壁呈 30°。

麻刷椎的制作及作用：取 100cm 长的圆木棍，大约 0.2kg 麻，绑成圆锥形，上呈伞形，放置漏斗口，可椎紧漏斗口，封闭瓮口。即可防蝇、防蛆、防臭气，又可刷洗漏斗壁，保持清洁卫生。

6.4.3 维护与管理

俗话说得好，"三分建七分管"，厕所的日常管理同样如此。

1. 用前加水

（1）新建厕所投入使用前，应向前瓮内加入一定量的水，水面要超过前瓮过粪管下口处为宜。

（2）使粪便较快崩解，使虫卵沉淀。据实际观察，不加水稀释的前瓮粪液很稠，虫卵无法沉淀。

（3）当前瓮孳生少量蛆蛹时，不使蛆从过粪管爬到后瓮，使其不能化蛹成蝇。

（4）在粪液未进入，后瓮也应加少量水。

2. 用时控水

每天清洗漏斗便池的水量一般控制在 1L/（人·天），绝不能将污水和洗澡水倒入前瓮粪池。

3. 漏斗便器和后瓮口应加盖密封

这样可以使厕所清洁卫生，减少臭气，避免招来苍蝇，孳生蝇蛆，同时密封还可以达到厌氧发酵和保肥的目的。

4. 必须后瓮取粪液

后瓮粪液是经过发酵，已经无害化的速效性肥料，对改善土壤结构，增加土壤肥力和微生物活动等方面的作用，是化肥无法比拟的。看起来液体比较稀薄，但肥效很好，有经验的农民说得好"看着像清水，用起来象氨水，施用到地里，那庄稼苗好像拔着长得那样快，壮的时间也长"。和俺老百姓的顺口溜一点也不差："农家肥，养料全，施一季，壮三年"。

任何时候都不要从前瓮取粪，一定改变粪稠才肥效高的错误认识，前瓮粪便不但肥效不高而且不利于庄稼生长。取用前瓮未经无害化的粪肥，那就完全失去建造双瓮厕所的意义。

5. 定期清除前瓮粪渣

前瓮的粪渣，需定期清除，一般来讲，最好每年清除 1 次，清除的粪渣不能直接用作施肥，一定要经高温堆肥彻底杀菌灭卵后，方可用于农业施肥。如果多年不清除粪渣，在瓮池底部越积越多，逐渐减少前瓮有效容积，影响虫卵沉淀等粪便无害化效果。

6. 简易高温堆肥的方法

先将秸秆、杂草、树叶、禽畜粪便和垃圾等分层堆积，堆的高度 1m 左右，长度不限，堆顶整成凹形，将挖出的前瓮粪渣和粪皮倒在其上，粪便自然向下淋渗，被堆料所吸收，堆顶用干堆料盖平，在用塑料薄膜覆盖整个堆体，或用泥封。半月后进行翻堆，将肥堆的上部和下部，外部和内部混合均匀，这也是 1 次曝气过程，可使堆肥升至 50℃以上，再过半月后，堆肥可进一步腐熟，同时可达到无害化目的。

7. 禁止向后瓮粪池倒入新鲜粪便和其他杂物

不能上厕所行动不便的老人或小孩的粪便，应倾倒入前瓮。

8. 注意养护和维修工作

双瓮漏斗厕所部件多是水泥或陶瓷制品，比较经久耐用。在管理不善情况下，一旦发现部件破损，或后瓮盖丢失时，应及时修缮更新，使双瓮漏斗式厕所的功能能正常运转。

9. 厕室内应备有卫生用具

厕屋内应备有贮水桶、水勺和卫生用具，如扫帚、刷子等。大便后，要用少量的水冲洗便池，刷洗掉漏斗上残挂的粪便和尿迹。经常清扫、刷洗厕室地面。

6.4.4 造价

二合土的双瓮漏斗式厕所的造价如表 6-1 所示。

二合土的双瓮漏斗式厕所 表 6-1

材料	数量	单位	价格(元)	备注
水泥	30	kg	12	
砂子	100	kg	10	
石灰	100	kg	10	
黏土	25	kg	2	
过粪管	1	个	10	
免水冲漏斗便器	1	个	20	
人工	4	人	200	
合　计			264	

6.4.5 施工图纸

见图 6-2～图 6-5。

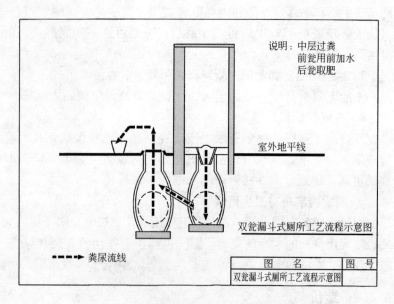

图 6-2 双瓮漏斗式厕所工艺流程示意图

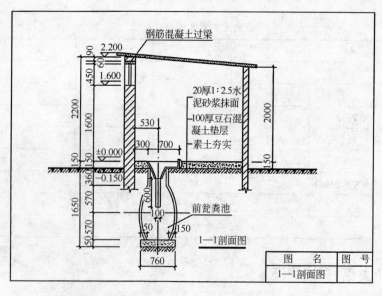

图 6-3 双瓮漏斗式厕所剖面图

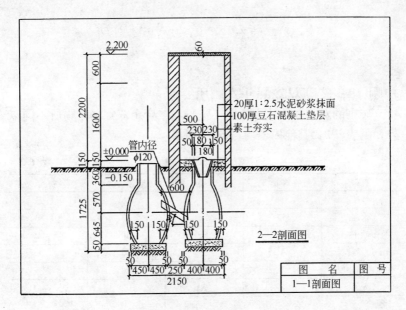

图 6-4 双瓮漏斗式厕所剖面图

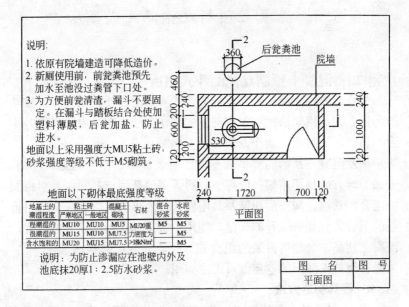

图 6-5 双瓮漏斗式厕所平面图

6.5 砖砌双瓮漏斗式厕所

户厕-19：砖砌双瓮漏斗式厕所

砖砌的双瓮漏斗式厕所除了造价与二合土双瓮漏斗厕所不同以外，见表6-2，其他内容均与6.4相同。

砖砌的双瓮漏斗式厕所 表6-2

材料	数量	单位	价格(元)	备注
红砖	800	块	240	
水泥	50	kg	15	
砂子	100	kg	10	
过粪管	1	个	10	
免水冲漏斗便器	1	个	20	
人工	3	人	150	
合　计			445	

6.6 混凝土预制双瓮漏斗式厕所

户厕-20：混凝土预制双瓮漏斗式厕所

为适应农村大面积推广双瓮漏斗式厕所的需要，相继有砖砌法改为地上钢筋模架法预制水泥瓮体的制作方法，产品内壁光滑，不渗不漏，坚固耐用，制作方便，成本低廉。

陶及混凝土预制的瓮型粪池笨重容易破碎、不便运输，河南、安徽等地方研制了用塑料或再生塑料等其他新型材料制作，可拆装的组合贮粪池、漏斗形便器及其附件，按要求进行组装。全塑可拆装的组合式双瓮、三瓮贮粪池，使用中各项理化指标显示可以替代混凝土制品。全塑可拆装的组合式双瓮、三瓮贮粪池的加工产品，须经省级技术部门的鉴定方可推广应用。

1. 模具制造方法

用φ6钢筋焊一个外模架，前、后瓮上口直径均为1000mm，高

720mm，底直径前瓮 700mm，后瓮 800mm，从底圈向上到 220mm 处焊一环筋，以固定揽挡第一层立砖，270mm 处和 450mm 处各焊一环筋，以固定揽挡第二层立砖，520mm 处焊一环筋，与上口环筋一起揽挡第三层立砖，环形外模一分为二切割成两个半弧形钢筋架，每半个架用 4 条立筋支撑，为便于运输和脱模，将两个半弧形钢筋架用上下两个活动合页连接起来，接口处用插销状钢筋固定成整体骨架。

2. 水泥预制方法

（1）将外模架放在地上，先在底部周围用黄泥均匀地摊一圈，约厚 2mm，立一圈 240mm 长砖，砖体之间统一用黄泥勾缝，以便砖能立稳。然后按第一层的方法，在第一层立砖上立第二层立砖和在第二层立砖上立第三层立砖。

（2）立砖完成后，砖上面再均匀地涂上一层 15mm 厚的黄泥，以不漏砖为宜，这样整体外模圆桶就制成了。

（3）外模圆桶制成后开始用水泥砂浆（比例 1:3）进行预制，从外模圆桶的底部向上均匀地涂 2cm 厚的砂浆，若预制上半截瓮时底部不用水泥，可留 50～55cm 圆口，若预制下半截底部留成锅底状，便于以后清渣掏粪，前瓮下半截留孔（过粪管开口），后瓮上半截留孔，孔直径约为 150mm，上下两孔距离约为 200mm，成椭圆形，半截瓮大口处应当留出 40mm 宽沿，以便连接和安装，两上瓮截面合口时用水泥砂浆密封。两个瓮体预制成 4 个半截瓮。

（4）一般 12～24 小时脱钢筋模，砖模 2～3 天脱去为宜，这样钢模架使用周期可加快，注意预制时要用弧形特制泥抹收光，使其充分凝结打潮 7～10 天后才能安装。

3. 安装方法

（1）选址放样尺寸

长 2.5m、宽 1.5m，深度视修建厕所位置地面水平高度决定，一般 1.6m 左右。

（2）漏斗形便器的安装

漏斗形便器应安放在前瓮的上口，在安装前，在前瓮的安装槽边内垫 1～3 层的塑料薄膜，使漏斗便器和前瓮口隔离，增加前瓮的密闭程度，同时掏取前瓮粪渣时取放方便。

须注意：1)在抹厕室水泥地面时应防止将漏斗形便器和地面连为一体；2)不可把漏斗形便器的下部敲碎，或在漏斗形便器的后缘、前瓮的后上部另开一小口作为出粪渣口。这样即破坏了双瓮粪池的密闭性和完整性，易招致苍蝇孳生。

如便器不放置在前瓮上，便器与前瓮需用排粪管连接。往往群众会在院墙内建厕屋，墙外为双瓮贮粪池，应用穿墙打洞安放排粪管。

厕屋外的瓮体周围地面用水泥硬化，并高出地平 15～20cm。后瓮盖板上预留直径约 35cm 大小的出粪口并配水泥盖子。

（3）过粪管的安装

过粪管应从前瓮的中下部、后瓮的中上部开口连接，要求过粪管前端安装于前瓮距瓮底 55cm 处，前端伸出瓮壁不超过 5cm；后端安装于后瓮上部距后瓮底 110cm 处。不能水平安装，更不能前高后低，使之真正起到中层溢流过粪的作用。预制双瓮时要计算好并正确标志位置，过粪管的安装，是双瓮漏斗式厕所成功与否的关键。

（4）瓮体安装

1）首先检查瓮体是否完整有无破损和裂纹、双瓮壁厚度是否满足产品说明书的要求、壁厚薄是否均匀、前后瓮的尺寸、高度以及上下两瓮口径配套并一致、前后瓮是否配套、进行盛水检验是否渗漏水、配件是否齐全等。完全符合要求方可验收建厕。

2）将坑底铲平夯实，用混凝土厚约 10cm 对坑底进行处理，然后摆置瓮体，双瓮中心距离 110～120cm。上下瓮体要紧密结合。

3）埋置双瓮原土回填，要求回填土质以不干不湿，边填边夯实，当回填到接近过粪管下口、上与下两部分瓮体结合处、过粪管上口时，要用搅拌好的水泥和砖对这三处进行封堵处理，使之形成水泥包壳，确保不发生渗漏现象。

特别注意瓮体连结处、过粪管连接处，瓮底机械制孔，尤其是前、后瓮过粪管与瓮体连接处，几个接口部位要严密结合、封堵结实。

（5）便器安装时须注意

1）应为不带水冲的漏斗形便器，漏斗便器深而且壁陡，便器可直接在建材市场购买或者按要求制做。

2）入户附建式双瓮漏斗式厕所，根据稀稠状况与农户共同商量决定，便器安装的位置，距墙的距离不要过远。

3）不主张安装坐便式抽水马桶，因为冲水量较多，影响粪便无害化处理效果。

4）排粪管弯道不要太多，不利过粪，易粘结形成堵塞。

5）瓮体贮粪池不宜建在有车辆通过的路面下面和人群活动的场地，以防塌陷。

4. 造价

见表 6-3。

水泥预制的双瓮漏斗式厕所　　　　　　　表 6-3

材料	数量	单位	价格（元）	备注
水泥	150	kg	45	
砂子	300	kg	30	
过粪管	1	个	10	
免水冲漏斗便器	1	个	20	
人工	4	人	200	
合　计			305	

混凝土预制双瓮漏斗式厕所其他内容与 6.4 相同。

6.7　全塑可拆装组合式双瓮漏斗式厕所

户厕-21：全塑可拆装组合式双瓮漏斗式厕所

全套（前后瓮体、前后盖、过粪管、免水冲漏斗形便器）300 元。

上述均仅为材料费，人工费另依施工时现状确定。

6.8　改进型—三瓮式贮粪池厕所

户厕-22：改进型—三瓮式贮粪池厕所

6.8.1　基本结构

由厕屋、漏斗便器（或节水防臭便器）、前中后三个瓮形贮粪池、过粪管和瓮盖组成。

6.8.2　原理

三瓮式贮粪池厕所是利用三格化粪池的原理，采用双瓮厕所的建造技术而设计的。其特点是：（1）造价低；（2）体积重量较双瓮厕所小，便于运输、安装等；（3）技术适宜，适用于以户为单位建造，也适用于以居民组、行政村等为单位进行工厂化生产。有关单位对三瓮贮粪池厕所的粪便无害化效果进行了鉴定，其结果显示完全可以符合粪便无害化卫生标准的要求。

6.8.3　设计要求

前、中、后三个瓮体大小规格可以一样。瓮体中间内径不得少于 70cm。瓮体上口内径一般为 44cm；瓮体底部内径一般为 62cm。瓮体的深度不得小于 130cm，根据家庭人口数和粪便排泄量、冲洗用水量（南方地区按 3L/(人·日)；北方地区按 2L/(人·日)），确定前、中瓮的有效容积，要求粪便必须在前、中瓮贮存 40 天以上。后瓮粪池主要是储存粪液，确定后瓮的容积时，可根据当地用肥习惯而定。

6.8.4　建造、安装及卫生管理

参考双瓮漏斗式厕所的有关内容。

过粪管的安装可借鉴三格化粪池厕所，前瓮进入中瓮的过粪管在前瓮安装于距瓮底 40cm 处（下 1/3），向中瓮上部距中瓮底 90cm（上 1/3）处斜插；中瓮进入后瓮的过粪管在中瓮安装于距瓮底 40cm 处（下 1/3），向后瓮上部距后瓮底 90cm（上 1/3）处斜插；过粪管的前端伸出瓮壁不要超出 5cm。

在旧厕改造中农民利用原有的深坑式贮粪池（只要坑深达 1m 以上，直径大于 70cm），即可直接加水泥蹲板盖和便器，再增加第二、第三瓮（格）并将它们用过粪管连接起来，原有厕屋可保留使用，即"穿墙打洞，连管埋瓮"，如此改造可降低改厕投入。

7 双坑交替式厕所

户厕-23：双坑交替式厕所

7.1 技 术 名 称

双坑交替式厕所。

7.2 适 用 地 区

主要适用于我国干旱缺水的黄土高原地区，在东北地区也有应用。

7.3 定 义 和 目 的

双坑交替式厕所有两种使用类型，一种是加土的旱厕模式，一种是仅贮存粪尿的湿式厕所的模式，如图7-1所示。旱厕模式

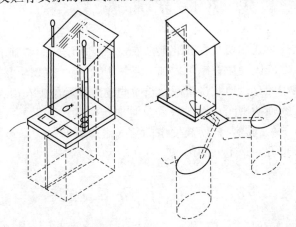

图 7-1 双坑交替式厕所旱式(左)和湿式(右)结构示意图

是联合国开发计划署、世界银行与联合国儿童基金会推广的适宜技术之一，该厕所结构简单，技术易掌握，通风、基本无臭，防蝇效果好，便后需加土覆盖，但由于该种类型的厕所要建造两个形同的贮粪池、两个蹲位(一个使用、一个封池备用)，因此一间厕屋相当于其他类型两个厕所的面积，造价偏高，用地偏多，适用于我国干旱缺水的黄土高原地区。另一种是湿式贮存模式，该种模式在东北地区应用，该厕所结构简单，技术易掌握，通风、臭度低，厕坑加盖即可防蝇，便后无覆盖(东北地区冬季无法取土覆盖)，贮存时间较长，管理失当臭气较高，占地与造价和旱厕模式相似。

该类型户厕建有两个贮粪池，人粪尿与土混合，当使用的第一个贮粪池满后，将其密封堆沤3个月以上，使有机物分解沤熟，减少致病菌量，与此同时启用另一厕坑，两个贮粪池(坑)交替循环使用。吸收粪尿水分并与空气隔开减少臭气，密闭封存不使蚊蝇有接触的条件，控制了蚊蝇的孳生。

需要说明的是由于不是采用的高温堆肥的处理方法，而仅仅是厌氧的堆沤，寄生虫卵灭活率在3个月的时间里不能达到95%，出粪时由于硫化氢含量较高，所以臭气重，但旱厕硫化氢绝大多数被土壤吸收不会造成中毒，湿式厕所如贮粪池较大，清除粪便时需要防范硫化氢中毒。

7.4 技术特点

双坑交替式厕所是在西北地区农村原应用模式的基础上改造而成的，西北农民便后在厕坑内加入略经干燥的黄土(田土)，密封贮存，粪便中的有机质缓慢降解，长时间的贮存后用于农田施肥，在贮存时需要强调密闭，在便后要及时加土覆盖，解决了一般防臭、防蚊蝇等卫生问题，也使粪便中的致病微生物有较大幅度的降低。该模式管理方便是主要的优点。

7.5 技术局限性

双坑交替式厕所由于一个厕所两个厕坑，占地面积大，厕屋投资高；不管是干式或湿式模式的厕所，其基本属于沤肥的模式，因此粪便无害化需要的时间长。在清除贮粪坑内的泥土与粪便混合物或单一粪便时，由于硫化氢的含量高，所以臭气重，尤其是单纯的粪便贮存物臭度更高。所以占地面积大、投资高、清除粪便臭气重是该技术推广的障碍。另外由于粪便无害化需要的时间长，一般希望贮存一年，实际难以达到，为此为保证粪便无害化效果，最好清除出的粪便经高温堆肥处理后再农业施肥。

7.6 标准与做法

7.6.1 结构

双坑交替式厕所由厕屋与地下部分的两个厕坑、蹲台板、排气管等组成。

(1) 贮粪池(厕坑)

贮粪池为两个并列相同的方形坑，旱厕在后墙与地面接触处，留一个方形取粪口，平时用水泥挡板封闭；湿式贮粪池直接在蹲台板下方。贮粪池可用水泥板预制，亦可用砖砌，再以水泥贴面。便后用土覆盖的旱厕，贮粪池可不做严格的防渗漏要求，其原因是西北地区干旱少雨、地下水位低，土覆盖无液体流出；对湿式贮粪池则必须要求严格的防渗漏处理，其原因是同样的，东北地区雨水丰富、地下水位高，为防止污染水源与环境应该严格要求。另外在东北地区建造湿式双坑交替式厕所时，还需考虑防冻的问题。

(2) 蹲台板

蹲台板又称为贮粪池盖板，是用来封闭贮粪池上口和为使用者提供支撑物的。蹲台板中间部分设置并列的两个蹲便口，粪尿由此口进入贮粪池；在蹲台板后沿处，预制两个排气管孔，孔径能严密安装 10cm 的塑料管，为方便排气管的安装，可在预制水泥蹲台板时插入同样的两根塑料管。

(3) 排气管

排气管直径为 10cm，高度以高出屋顶 50cm 以上，在排气管口应设防蝇罩，防止苍蝇自排气管口进入粪坑，为排除风向干扰，可在排气管顶部加装风帽。

（4）在结构设计时要注意

1）在蹲便口要加盖，保持密闭；旱厕每次便后要加土覆盖。

2）贮粪池容积：依家庭人口确定，每个贮粪池一般不小于 $0.5m^3$，即两个贮粪池容积之和不小于 $1m^3$。

3）排气管道是减少厕所臭度的关键部位，当风吹过排气管顶部时，在管口形成负压，贮粪池内的空气经排气管下口自动向上排出，使贮粪池内的臭气经排气管排出，所以排气管一定要与贮粪池连通。有的地方建造的排气管与厕屋连通，而不与贮粪池连接，造成双坑交替式厕所的臭度高，影响周围环境，群众反映不佳。

4）双坑交替式厕所虽已达到卫生厕所的基本要求，但粪便贮存到期后，建议做二次处理再施肥应用。二次处理以小型高温堆肥为首选，堆肥体积为 $1m^3$ 左右。

7.6.2 施工方法

（1）备好施工工具

施工人员应事先准备好砖刀、大小灰板、卷尺、水平仪、刷子、浇水泥用的模板等工具。

（2）备料

在施工之前，施工人员需按砖砌、水泥预制、现场浇筑等不同类型的用料需要，通知户主，备足砖、水泥、砂石、钢筋、排气管等建筑材料，方可进行施工。

（3）选址与挖坑

厕所的选址应尊重当地风俗习惯并征求用户的意见。按照贮粪池容量量好尺寸放线。放线时应留出砖砌或现浇余地。

（4）地基的处理

地基要略大于贮粪池，先夯实土层，再铺5cm碎石垫层，上浇8cm厚混凝土。贮粪池底部应高出地面10cm，以防雨水从出粪口灌入。

(5) 砖砌或现浇贮粪池

贮粪池壁可用砖或石块垒砌，再用水泥抹面，或用水泥预制板制作，或用现浇方法施工。单个贮粪池长、宽、高分别为 0.8m×1m×0.8m，砖砌结构的两个贮粪池之间可用单砖垒砌。

(6) 制作贮粪池出粪口挡板

贮粪池的出粪口大小约为 40cm×40cm。出粪口挡板可做成水泥预制板、铁门或砖块加泥浆封堵。安装出粪口挡板时一定要用泥将周边泥封严密，防臭。

(7) 制作蹲台板

钢筋混凝土浇筑，厚度为 10cm，尺寸约为 120cm×200cm，上面有 4 个口，前边两个为蹲便器口，蹲便器口 45cm×20cm，后边两侧各一个圆形孔直径为 10cm，供安装排气管用。蹲台板可制作一块整体板，也可分别制作两块、多块板安装。

(8) 制作便器盖

取长 1m 左右长的圆木棍，在其一端插上一块尺寸为 50cm×25cm 形状大小，略大于蹲便孔的木块。

(9) 安装排气管

排气管可用直径 10cm 的塑料管材或陶管，应高出厕屋顶50cm 以上，并在通风管顶部设置风帽，以防雨水和苍蝇进入。

(10) 台阶

旱厕式双坑交替厕所贮粪池建在地面上，蹲台板高出地面80cm 左右，故应修建 4～5 级台阶，以方便使用。

7.7 维 护 与 管 理

(1) 旱厕模式的双坑交替式厕所，第一次启用时贮粪池底部要撒一层细土，同时要将出粪口挡板堵住，并用泥密封周边。厕所内平时要堆放一定量的细干土，每次便后加土覆盖。随着使用次数的增加，贮粪池内的粪便形成圆锥形状，加上的土滑到周边底部，难以覆盖住粪便，故需定期将贮粪池中间的粪便推向周边。便器盖要用时拿开，便后塞严，定期清洗。双坑交替使用，当第一个贮粪池满后，该贮粪池即封存3个月以上。同时启用第二贮粪池。待第二贮粪池将满时，将第一贮粪池粪肥取出进行堆肥，彻底无害化后做农田肥料使用。保持厕所清洁卫生。要设置便纸篓、放置清扫工具，定期清扫，保持室内整洁。

（2）湿式模式的双坑交替式厕所，粪便贮存期要延长，当第一个贮粪池满后，该贮粪池封存最好6个月以上。同时启用第二贮粪池同样贮存6个月以上。待第二贮粪池将满时，将第一贮粪池粪肥取出，加入适量的土、有机废弃物，搅拌均匀，降低湿度至适合进行高温堆肥的要求为止，堆肥处理后做农田肥料使用。其他要求与旱厕模式相同。

7.8 造 价

见表7-1。

双坑交替式厕所原材料用量   表 7-1

材料名称	单位	数量	价格（元）	备注
红砖	块	2000	600	
水泥	袋	10	200	
砂石	m³	3	150	
屋顶石棉瓦	张	8	160	
钢筋(m)	kg	20～30	40～60	
便器盖	套	2	30	
厕所门窗	扇	各1	150	
排气管（φ10cm）	根×米	2×3	30	
合　计			1360～1380	

7.9 双坑交替式厕所施工图纸

见图7-2～图7-5。

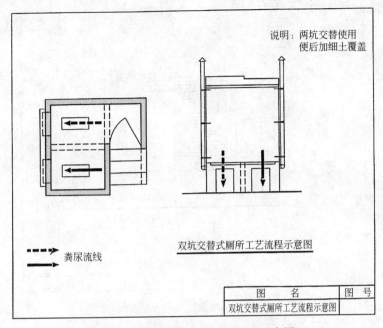

图 7-2　双坑交替式厕所工艺流程示意图

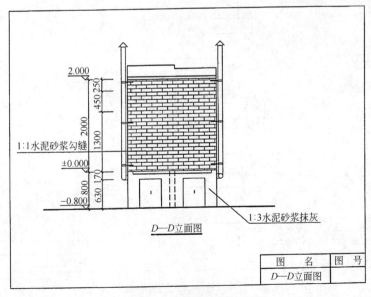

图 7-3　双坑交替式厕所立面图

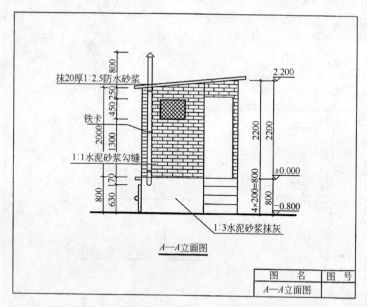

A—A立面图

图 7-4　双坑交替式厕所立面图

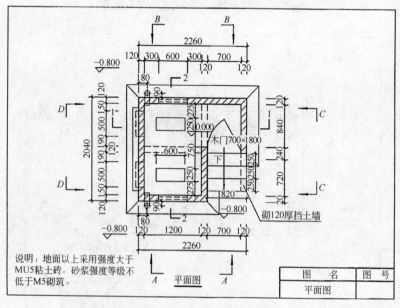

说明：地面以上采用强度大于MU5粘土砖，砂浆强度等级不低于M5砌筑。

平面图

图 7-5　双坑交替式厕所平面图

8 阁楼堆肥式厕所

户厕-24：阁楼堆肥式厕所

8.1 技术名称

阁楼堆肥式厕所。

8.2 适用地区

阁楼堆肥式厕所适用于有机废物多、干旱、少雨、太阳辐射强、日照时间长、蒸发量大的农村、牧区。

8.3 定义和目的

阁楼堆肥式厕所是我国惟一的一种好氧发酵模式的厕所。与其他模式厕所的区别在哪里？

旧阁楼式厕所是西北农村常见的厕所模式，厕屋与蹲坑之下散落的粪便，形似一座土地庙样的小阁楼，故而得名阁楼式厕所，由于没有实际意义的贮粪池，蹲坑之下是敞开式的，粪便不仅不能无害化，雨天随雨水流淌，风天随风飘散，构成粪便中的致病微生物的播散，造成周围卫生环境的污染严重。

在阁楼式旧厕所的基础上随形就意，经改革完善而建成阁楼堆肥式厕所，改造后的阁楼堆肥式厕所，厕室与贮粪池分上下两层依然形似阁楼，贮粪池建造在地面上，贮粪池的出粪口建造在厕屋外，这种厕所按照西北地区农牧民的需求，贮粪池可接纳厨余类有机垃圾、接纳较大庭院散落的禽畜粪便与灰土。

阁楼堆肥式卫生厕所的原理是：入厕后使用庭院土或垃圾混合物覆盖粪便，利用人、畜粪便与生活垃圾的自然搭配，人工调节贮粪结构的湿度与通风，类似在贮粪池中建造成一堆堆肥，进行堆肥发酵，杀灭人畜粪便内病源微生物、寄生虫卵等达到无害化，并形成松软肥料，施用可缓解土壤因长期使用化肥造成的板结。另外高温堆肥也可使草籽等灭活，利于农作物生长。

此类厕所模式由于管理复杂，目前在我国应用很少，但此类模式与我们国内应用的厕所模式都不一样，前述有机物降解模式基本上属于厌氧、兼性厌氧，而该模式是我国唯一的一种好氧发酵模式的厕所类型。国外近年同样进行了一些发展好氧发酵模式厕所的尝试，例如利用蚯蚓床消化降解粪便等。从理论上讲，厌氧消化的产物不是物质分解的最终产物，而好氧发酵的最终产物是水和二氧化碳，目前尚距实际应用较远，在此仅介绍给大家，以引起更多人的关注。

该形式厕所不用水冲，能较好地满足卫生与生态的要求。

8.4 技 术 特 点

阁楼堆肥式厕所是我国惟一的一种好氧发酵模式的厕所，国外在发展好氧发酵模式的厕所方面也有一些研究，例如利用蚯蚓。好氧发酵处理设计的理念具有很多的优点，如粪便无害化效果好，化学物质降解充分等，该种模式当今仅仅是初步的探讨，今后需要在实用性方面展开研究。

8.5 技 术 局 限 性

需要大量的有机物、需要严格的管理、需要增加通风条件与设施等是该技术实施的主要障碍。诸多的研究者希望提高粪便的无害化效果，提高粪便的应用价值，在该模式上进行了大量的前期研究工作，介绍给大家的目的是希望引起注重，使该技术早日成熟。

8.6 标准与做法

8.6.1 组成

阁楼堆肥式厕所在建筑主体结构上分为上部的厕屋和下部的贮粪池两大部分，厕屋由围墙、屋顶、门窗、人厕台阶构成；下部由贮粪池、排气管、通风管、出粪口、挡板构成；之间由便器与蹲台板连接。阁楼堆肥式厕所内部结构图见图8-1。

图8-1 阁楼堆肥式厕所内部结构图

贮粪池：厕坑容积按贮粪期一年计算，要适合当地农民的用肥习俗。3～6口人之家，需要1.5～2m³。

为降低贮粪池的湿度，在年降雨量300mm以上或蒸发量较小的地区，在设计上应考虑尿液单独贮存；在地下水位较高的地区贮粪池需要进行严格的防渗漏处理。

8.6.2 设计

阁楼堆肥式厕所设计关键在于贮粪池要通风，其堆肥过程是有氧发酵。农户院舍的垃圾作为基本要素，由过去垃圾随意丢弃转换为自主收集，每天打扫庭院，变成了垃圾收集，进而构成了每天的均匀投料，卫生环境得到改善的同时，为堆肥厕所也准备了原料，人粪、尿、禽畜粪便、有机垃圾、庭院土，通过堆肥发酵成为优质肥。堆肥温度的控制是至关重要的，在不需要升温的时候要保持贮粪池内原料的干燥，在需要升温的时候适量加水增加湿度，控制温度的开关是"湿度"。

贮粪池内的粪便储存期至少为半年，即半年发酵一次。

8.6.3 建造

(1) 备料

根据需要备足红砖、石块、水泥、细砂、石灰、钢筋、便器、通风管、排气管、挡板、厕所门、窗户等施工用材料。

（2）施工

在选定地点按 210cm×180cm 尺寸放线后，开挖地基深度 60～80cm(地上 40～60cm)，总深度 100cm。

出粪口长宽 90cm×60cm，设在池边长的中间。底边根据挡板建筑要求，向墙体外延伸约 25cm，用砖砌起底边高出地表 12cm 的四周，用水泥砂浆固定，用 3cm×3cm 三角铁焊接成 90cm×50cm 挡板框架。出粪口内与池底部亦用水泥砂浆抹成缓坡。用长宽 90cm×50cmm，厚度 1～2mm 的铁板做挡板，内外表面刷防锈漆，外表面再覆以黑漆。或用水泥预制的平板为挡板。挡板安装必须密闭，防止雨、雪水渗入。

蹲台板，根据需覆盖贮粪池面积大小，用混凝土预制或现场浇筑。内部用直径 4～6mm 的钢筋作骨架，厚度 5～6cm。预制或浇筑时在图示位置预留 24cm×60cm 的便器安装孔，在后角一侧预留直径 10cm 的排气管安装孔。

蹲便器首选陶瓷、其次用塑料成品，混凝土预制便器。便器内表面要求光滑。便器上配备手提式、脚踏式或滑板式便器盖。

厕屋墙体厚度 12～24cm，厕屋高度不低于 200cm。屋顶用水泥板或木料均可，四周要留出 5～10cm 的飞檐。厕门高宽 180cm×70cm，窗高宽 30cm×45cm，下沿距蹲台板 150cm 为宜。夏季安装细纱网，冬季安装玻璃。质量要求；地表光滑，内外墙用石灰粉刷。进厕台阶用砖和水泥砂浆砌成，每级高 12cm 或 15cm×宽 30cm，台阶级数视其高度而定。

排气管材料选用直径 10cm，长度 260～300cm 的 PVC 管或砖砌等。下口与蹲台板底平面平齐，上口高出屋顶 50～80cm，同时高于周围 5m 内遮挡物，顶端安装圆锥形风帽。或者在厕屋后角一侧用砖砌起内径 15cm×15cm 的排气管道，下通贮粪池，上口高度高出屋顶 50cm，亦安装风帽。屋内安装照明装置。

通风管可制造成 U 字形、山字形、田字形等，其材料可选用直径 6cm 聚氯乙烯管，在四周均匀打孔，孔径 1cm。通风管与排气管相连。

池四周侧壁砌筑厚度为 24cm 的砖或石块，厕屋高出地表 50cm，勾缝，内外表面均以水泥砂浆抹面，厚度各为 1cm 为宜。要求密实、平整、光滑。

贮粪池底部挖土深度约 90cm，有效面积长宽 170cm×140cm，并应留出砌砖的余地。池底用三合土夯实，厚度约 20～25cm，在夯实的三合土上铺砖或石块，并铺抹 42.5 级以上水泥沙浆 5cm，抹光。池底距地表面 60cm。

贮粪池各角结合部要求为圆角。

贮粪池出粪口，设在贮粪池长边的中央，可和挡板设计为同一出口，口底边应高于地面 20cm，并且口内于池底呈缓坡状，利于出粪。出粪口也可另开，但需设门，封闭严实。技术质量要求，池底部与四周墙体结合部的处理要达到不渗不漏。

为降低贮粪池中粪便的湿度，可在贮粪池底部的四周设置一道沟槽(宽 5cm、深 10cm)，并可在外角端安放贮液池，使尿液及时排出。

8.7　维　护　与　管　理

"三分建、七分管"，正确的使用、维护和管理，是发挥卫生厕所作用的重要环节。

(1) 将通风管(U 字形、山字形、田字形等)置于贮粪池底部，与厕室排气管相通。新厕建成使用前和每次清理完粪肥后，先在贮粪池底通风管上铺 10cm 左右干草或干牛马粪和一层土，使其又有透气空间，又便于吸收水分。

(2) 每次便后及时用庭院土覆盖粪便，要求将生活垃圾、牲畜粪便(牛、马、羊、鸡粪)适时投入贮粪池内，不定期进行混匀平整，使之形成一定厚度的堆积层(50cm 以上)。

(3) 需要用肥时，提前 1 个半月～2 个月，人工注入不足的成分，调整配比，加入适量的水(污水、洗米水、洗菜水等)使水分达到 40%左右。表层用草与土覆盖使其升温发酵，经半个月的高温发酵即能达到粪便的无害化，但要达到农田可应用的腐熟肥，需要 1 个半月以上的时间。在升温过程中若发现温度高于 60℃，则需减少通风量。

（4）腐熟粪便要及时清掏。在堆肥前加入的草与土形成了一个新旧粪便的分隔层，分隔层以下的是腐熟粪便可清掏，而分隔层以上的粪便是没有无害化的粪便不能清掏。分隔层下的粪便清掏完后，继续加草与土，同时将剩余的新粪便置于贮粪池底，等待下一次发酵。此方法解决了新旧粪便混合的问题。

（5）在非用肥期，要注意保持厕坑的干燥，不使粪便发酵升温。在贮粪池湿度过大以及发现苍蝇与蛆时，应及时加入干土等，即可减少蚊蝇密度、臭味，又可吸收尿液与释放的氮、磷、钾。平时贮粪池湿度过大或臭味大时，适当增加覆盖物。

（6）厕室内要备有厕纸筐(桶)、清洁毛刷，污物随时清扫。

（7）塑料与不降解物、有毒有害物不能堆入厕坑。

8.8 造　价

见表 8-1。

阁楼堆肥式厕所原材料用量　　　表 8-1

材料名称	单位	数量	价格(元)	备注
红砖	块	700	210	
水泥(42.5级)	袋	5	100	
砂石	m³	1	50	
钢筋(m)	kg	10	20	
蹲便器	套	1	30	
厕所门窗	扇	各1	150	
太阳能晒板	块	1	50	
排气管(ϕ100mm)	根×米	1×3	15	
有孔通风管(ϕ60mm)	根×米	20m以上	100	
合　计			725	

8.9　阁楼堆肥式厕所施工图纸

见图 8-2～图 8-5。

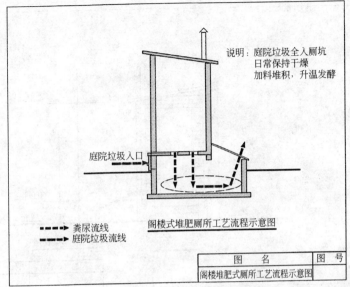

说明：庭院垃圾全入厕坑
日常保持干燥
加料堆积，升温发酵

- - - ▶ 粪尿流线
- - - ▶ 庭院垃圾流线

阁楼式堆肥厕所工艺流程示意图

图　名	图　号
阁楼堆肥式厕所工艺流程示意图	

图 8-2　阁楼堆肥式厕所工艺流程示意图

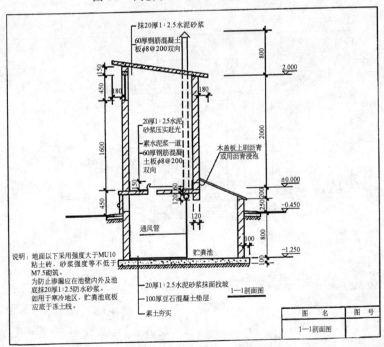

抹20厚1：2.5水泥砂浆

60厚钢筋混凝土板φ8@200双向

20厚1：2.5水泥砂浆压实赶光

素水泥浆一道
60厚钢筋混凝土板φ8@200双向

木盖板上刷沥青或用沥青浸池

通风管

贮粪池

说明：地面以下采用强度大于MU10粘土砖，砂浆强度等不低于M7.5砌筑。
为防止渗漏应在池壁内外及池底抹20厚1：2.5防水砂浆。
如用于寒冷地区，贮粪池底板应底于冻土线。

20厚1：2.5水泥砂浆抹面找坡
100厚豆石混凝土垫层
素土夯实

1—1剖面图

图　名	图　号
1—1剖面图	

图 8-3　阁楼堆肥式厕所剖面图

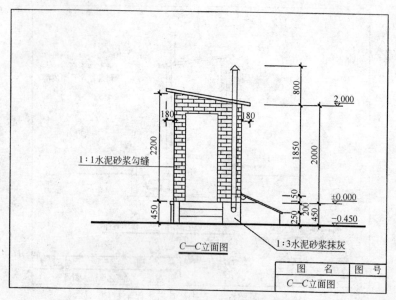

图 8-4　阁楼堆肥式厕所立面图

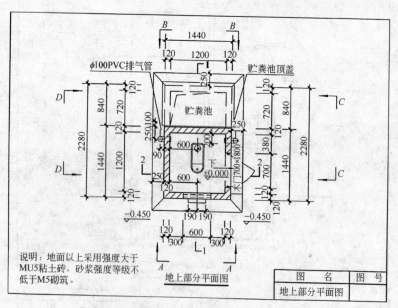

图 8-5　阁楼堆肥式厕所地上部分平面图

9 节水型便器

户厕-25：节水型便器

9.1 结构形式

沼气厕所地面部分要求通风、容易维护卫生，即我们常说的看起来就干净明亮。

自动开关盖的蹲便器由于其防止粪便裸露、有利于厕室卫生而受到欢迎，与沼气池的连接方式有斜板式、直管式、粪尿分离式等。

为节约用水，脚踏式抽水冲便器的应用，受到农民群众的欢迎。它的特点是可利用生活污水冲洗大便池。由脚踏式抽水器、二合一蹲便池、生活污水积水窖、瓷砖支架及导水管组成，该组合是成熟的市场产品，在厂方的指导下或按技术说明书安装到厕所地面下就可以了。

简单介绍该组合的结构与功能。

如图 9-1，脚踏抽水器下面是一个储水罐，水管直接和蹲便器连通，它是冲洗蹲便池的冲洗设备，便后脚踏在抽水器的踏板上，利用人脚踩的压力，将下方积水窖中的水通过导水管输送到蹲便池，便池冲洗的干干净净，踩的力量不需要很大，老人、小孩使用都没有问题。脚踏抽水器的扬程 1.5m，冲水力满足需求。注意：便器盖没有盖好不要冲水！

储水罐用塑料挤压成形，可储存 25kg 各类污水。需要说明的是，生活污水贮存时间夏季贮存时间短些；冬季需要有防冻设施。

脚踏抽水器支架用瓷砖制作，边长 30cm 的正方形，中间有一个直径 6.5cm 的圆孔，采用螺接方式将瓷砖拧固在抽水器上端，固定在地面上。

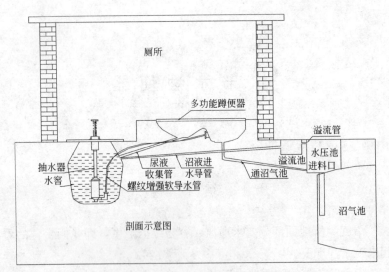

图 9-1 节水型便器剖面示意图

9.2 质量检查和注意事项

安装好测试管道是否畅通，蹲便池出水孔出水分布是否均匀，水冲力大小是否正常。

要让输水畅通，管要少弯，必须拐弯用缓弯，防止憋水；防止接口脱落；防止积水窖内滚进石块泥土。

10 旧厕改造成功的案例简介

10.1 小厕所 大民生——山东省菏泽市农村改厕纪实

家住菏泽市牡丹区赵盘石村八十八岁老人赵吉学面对众多参观者开心地笑了："茅厕还有不臭的，这回还真不臭了！"

在菏泽城乡、农村，随处可见这种被称之为粪尿分集生态旱厕的厕所，就像城里小报亭，厕内瓷砖铺地，不闻臭味、难见苍蝇，墙壁粉刷淡黄色涂料，白色排气管高耸其上，与鲁西南特有民居风格浑然一体。截至目前，全市已改建厕所数万座，自此，数万农民挥手与千年传统厕所告别。

10.1.1 改厕事关农村公共卫生

"改厕"是大事么？说大很大，说小也小。

说大是它牵涉千家对户，千百年来，中国传统农村厕所"一个土坑两块砖，三尺土墙围四边，苍蝇蚊子嗡嗡叫，又骚又臭满庭院"的窘境没有改观。农村在初步解决衣、食、住、行后，解决"出口"问题的厕所堪称农民生活"第五大要素"。

说其小，作为欠发达地区，发展县域经济、完善公路交通网、招商引资上项目，解决农民增收致富难题，哪一个都比厕所改造事情大。但是，菏泽市委、市政府不因厕小而不为，决策者的目光不约而同地转向解决与农民生活密切相关的如厕问题上。1999 年引入粪尿分集式厕所模式，进行了试点、扩大试点应用的过程，2005 年，市里将农村改厕列入十大民生工程，2006 年纳入"十一五规划"，写入政府工作报告，摆上重要议事日程，作为社会主义新农村建设的一项重要内容，与经济发展目标同部署、同考核、同奖惩。

然而认识并非划一，抓臭茅坑改造能"突破菏泽"？管天管地，还管拉屎放屁，招商引资是大事，臭茅坑改造能做出啥文章？凡此种种，不一而足。

但市里抓改厕决心不变，书记、市长走村串户看厕所，扑下身子抓厕所。因为他们熟知，农村老式厕所大小便混合在一起，日晒、雨淋、猪拱鸡挠，一个厕所就是一个污染源。改厕主要的卫生效益是消除粪便污染，减少霍乱、伤寒、病毒性肝炎等肠道传染病和血吸虫、蛔虫、钩虫等寄生虫病。

更何况还有另外两笔账：经济账：一个厕所可为一个 4 口之家提供发酵人粪尿 2190 公斤，就是 4 亩地的肥源，年节省 100 元化肥款。健康账：有统计资料，目前农民在县乡两级医院支出医疗费用人均 30 元左右，其中 85％ 与肠道有关，卫生厕所杜绝肠道传染因素后，人均可节省医疗费 25 元以上。

小厕所连着乡村文明，关涉农村公共卫生大事业，是消除疾病传染源，解决群众看病贵、看病难的治本之举。

10.1.2 政府主导群众自愿

粪尿分集旱厕技术适于没有施用稀粪便肥用习惯的中国北方农村。对于不少地方推广慢，农民难以接纳新技术的尴尬，倾向于政府主导下的强力推动。"农村改厕绝对是一件造福人民的好事，应大力推广。每户投资 300 元，农民可以承受，政府主要是宣传和技术指导，抓好重点村示范，充分尊重群众意愿，不愿改的不勉强。"2006 年 4 月 1 日，时任市委书记陈光在市卫生局的报告上这样批示。

好事要办好，找到一条群众乐意接受的路径，成了改厕成败的关键。全市选择 30 个乡镇的 300 个行政村作为试点，政府提供技术服务与指导，改与不改群众自愿。

宣传鼓动，舆论先行。市卫生局、爱卫会精心策划，一册资料深入浅出、图文并茂；一部电视片文艺动漫科普相结合，寓教于乐；一张科普报搭乘"科普村村通"快车，将 3 万张改厕明白纸发送到农村"三大员"手中；一套宣传板街头、田间、广场、公园广泛巡展；一系列口号标语，村村刷写，广泛悬挂；千场电影进社区进农村，改厕宣传深入民心。与此同时，市卫生局、爱卫会 15 次到 9 县区巡回办班，改厕专业技术人员已达 6000 多人（图 10-1 和图 10-2）。

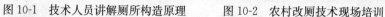

图 10-1　技术人员讲解厕所构造原理　　　图 10-2　农村改厕技术现场培训

　　牡丹区率先破题，区乡财政出点，群众个人拿点，40 多个示范村厕改红红火火，粪尿分集式，改灶、改厕、改圈三联式等模式迅速推开。即使是距菏泽 60 多里的黄河滩区李村集镇不少村也都动了起来。

　　让典型发挥示范作用，迅速突破群众认识"拐点"。曹县郭庄回民村富甲一方，全村 255 户，就有小轿车 86 辆，60% 住别墅。1998 年，村民厕所用上了水冲式，由于居住分散，粪便无法后处理，家家院墙外面多了个储粪池，结果家是干净了，但臭了街筒子。因为有的厕所花费几千元，此次要求改厕，村民多有抵触。然而几天过去了，大伙见村主任家用上方便干净的生态卫生厕所，纷纷主动要求改厕，县里急调施工队救援，不出一个月，全村 95% 的户改完。郭庄毕竟是屈指可数的富裕村，对一般村，改厕政府补贴愿意干，没有补贴该咋办？牡丹区西城办事处赵盘石村本不在改厕试点范围，但市卫生局一位干部给家住农村老父亲改厕所的事一经传开，引得众人效仿，目前赵盘石村已有 50 多户农民盖起了这种生态卫生厕所。受此启发，机关干部为农村父母尽孝心建生态旱厕活动在成武等县区迅速推开。全市 6000 多所村级卫生室，已有 5500 多所改造完毕。

　　当然，农民改厕自愿，并不意味着党委政府撒手不管。在菏泽，一届接着一届干，从前任市委书记陈光，到现任市委书记赵润田，书记市长看厕所重视厕所建设，甚至连省委书记李建国、副省长王军民也出了这家看那家"视察厕所"，在坊间传为美谈。市财政"四两拨千斤"，自 2005 年起，连续四年通过项目带动，在群众后背推一把，大大加速了农村改厕进程。

10.1.3 改厕连着乡村文明

"从群众改厕改热情可以看出改善生活居住环境的热望，眼下与改厕有关的材料卖疯了，啥都短缺，真是洛阳纸贵，一池（便池）难求啊！"李村镇镇长这样告诉我们。

西李庄是李村镇黄河滩区搬迁村，步入李同印家，只见正中五间大瓦房宽敞明亮，三间东屋连着大门，迎门墙后依次是卫生旱厕、小花园、李树、桃树、葡萄架、月季花点缀其间，让人顿感心旷神怡。出得院来，见宽阔街道干净卫生，两旁绿树成荫。村支书楚波说，农民生活富足后，讲究生活环境美，最能说明问题的是全村 400 户，220 户已经或将完成改厕（图 10-3）。

图 10-3　建造完成的厕所外观

"啪"，电火花闪过，沼气炉应声燃起蓝荧荧的火苗。"你看看，这火比煤气都旺。过去农家灶火窝黑堆满柴火，锅台满是灰尘，圈厕臭气熏天。现在点上了沼气灯、用上了沼气炉，灶台不见灰尘，厕所、圈舍没了臭味，生活与城里人有啥两样？"当一批又一批的参观者走进牡丹区都司镇纸坊行政村张秀花家，她总是热情地这样介绍。

改厕改造着农民，继而改变着农民的生活习惯。这也让菏泽市的领导同志更加清醒地认识到，作为经济欠发达地区，社会主义新农村建设不是看建了多少别墅、多少农民住上了楼房，而是要从基础抓起，从改善人民群众最基本的生产、生活条件抓起，功夫下在转变群众的思想观念"牛鼻子工程"上。因此，一场旨在改善农民生产、生活居住环境为主要内容的四清(清草堆、清土堆、清粪堆、清垃圾堆)、四改(改厕、改灶、改水、改路)、四学(学政策、学文化、学技术、学法律)、一规划(乡村规划)在全市推开，由小厕所引发的一场意义深远的大革命正拉开帷幕。

有耕耘就有收获。菏泽改厕经验引起上级领导的高度重视，副省长王军民批示，要求在全省推广菏泽经验，2006年7月，"山东省农村改厕现场交流会"在菏泽召开，菏泽改厕成为全省卫生工作新亮点。同年十月，菏泽市以农村改厕推动新农村建设的成功实践，当选为"中国十大政府创新典型"。菏泽的同志是谦虚的，他们并没有沉醉在既有成绩上，而是通过部分地方手足口病肠道病毒肆虐，看到工作中存在的不足。改厕搞得好的地方，群众感染病毒的几率就小，反之病人就多。因此，他们认为，菏泽改厕探索仅是初步的，改厕是一个改善社会成员卫生条件的系统工程，不是农民张三或李四一家的事，而让全市百姓都用上生态卫生厕所，任重道远。

10.2 吉林省推广粪尿分集式生态卫生厕所的经验

经过11年在吉林省推广粪尿分集式生态卫生厕所的历程，我们总结出了一些经验，主要有以下几个方面。

10.2.1 要让群众明白

任何一项新生事物的发展道路都是曲折的，这也体现在粪尿分集式生态卫生厕所的建设上。粪尿分集式生态卫生厕所从1997年开始在吉林省试点成功后，我们就一直坚持不懈地进行建设推广，开始有一段时间，因为部分群众认为粪尿分集式生态卫生厕所的建后管理较为麻烦，引起部分地区打退堂鼓。这时领导要认准方向，坚定信心。在2001年的全省爱卫办主任工作会议上，时任省爱卫办主任的范明同志就反复和基层同志讲，粪尿分集式这种生态卫生厕所类型，经过国际、国内有关专家多年研究和实践，在理论上是靠得住，实际应用可行，我们没有任何怀疑的理由。问题出在我们建后的使用管理上，我们就要在正确使用管理上下功夫，广泛宣传使群众明白，才能正确的使用管理。为加强对农民群众的宣传教育，省爱卫办每年都印刷数万册的《粪尿分集式生态卫生厕所的建造和使用》的宣传册，发放到每一户建造这种类型厕所的农户手中，在每一次的检查指导中，我们也是反复讲解粪尿分集式生态卫生厕所建后使用问题。经过近 10 年坚持不懈的努力，这种类型的卫生厕所终于在吉林省扎稳了根，得到了广大干部群众的认可，目前吉林省已经推广建设约 12 万座这种类型的卫生厕所（图 10 - 4，图 10-5 和图 10-6）。

图 10-4　通榆县室内粪尿分集式厕所

图 10-5　室内粪尿分集式生态卫生厕所

图 10-6　粪尿分集式生态卫生公厕

10.2.2　民心项目顺应民心

在寒冷地区建设粪尿分集式生态卫生厕所，解决了建设社会主义新农村中的一大难题，解决农民冬季如厕的民生问题，既然是一项民心工程、德政工程，就要通过示范让农民群众感觉到好处在哪里。把工作作实，我省各级党委、政府重视农村改厕工作，每年全省各地层层签订目标责任书，定期进行检查督办，组织明察暗访，纳入年终目标考核的内容。由于各级党委、政府的重视，我省的改厕工作力量得到加强，政策得到很好的落实，资金落实到位。各级各地均不同程度地安排了项目配套资金。使民心项目得民心，得民心项目得发展。

10.2.3 明确目标，有人管、有人干

农村改厕是一项"从源头控制肠道传染病"，"改变农民不卫生习惯"，涉及农村两个文明建设和保障农民身心健康的大事。为此，项目实施之初，各项目实施单位均成立了项目领导小组，省项目领导小组由主管副厅长担任组长，爱卫办、计财处、健康教育所和省财政厅社保处负责人为成员。县项目领导小组由主管卫生副县长任组长，相关部门负责人组成。省、县均成立了办公室，有5～8人抓项目实施工作，项目乡镇主管乡镇长、卫生院长，防疫专干，村有村书记(主任)，妇女主任，乡村医生等形成了项目工作网络。省项目办同各项目单位政府，各项目单位政府与各项目乡镇负责人层层签订目标责任状，真正做到了项目有人抓，工作有人做，上下联动、齐抓共管，防控疾病从改变不卫生习惯入手，使我省的改厕项目工作一开始便步入了正常、有序、健康发展的轨道。

10.2.4 科学知识引导，主动做好自家事

农村改厕，是一项涉及千家万户移风易俗的"厕所革命"。首先涉及观念的改变，各项目单位充分利用电视、广播、黑板报、宣传栏、宣传单等各种宣传舆论阵地，向广大人民群众宣传改厕的好处，宣传未经无害化处理的人畜粪便对环境的污染和人体健康的危害，以科学知识引导和帮助农民群众转变传统观念，变"要我改厕"为"我要改厕"，建立健康文明的生活方式，提高自我保健的意识和能力，积极主动地做好改厕这件有利于自家的事，实现饮用水安全，改善环境卫生，提高生活质量，实现小康目标。

10.2.5 摆正位置不差钱

卫生厕所是农民家庭必需的基础卫生设施之一，直接受益的是

农户自身,因此改厕的主导应该是农户本身,而不应由政府包办,群众明白"自己受益,自己该出钱"。政府安排的补助资金,作为必不可少的引导资金,去动员、引导、促进农村的改厕工作。中央财政给每户农户的改厕经费为 400 元/座,而每个卫生厕所的改造经费为 1200 元,二者之间存在较大的差距。为此,我们坚持"三个一点"(国家、集体、个人)的原则,并针对我省的实际情况采取了几种不同的措施。首先,由各地先行从财政、卫生等部门挤出资金作为启动资金,保证我省的改厕工作能够顺利开展。其次,各村根据自身的实际情况,多方筹集资金,按期启动改厕工作。通过采取不同的筹资途径,确保了改厕工作的顺利进行。在粪尿分集式生态卫生厕所的推广过程中,没有必要的资金支持是不可能完成的。"多方筹资,民办公助",摆正位置不差钱,顺利地解决了农村改厕资金的问题。

10.2.6 及时帮助,技术下乡

我省为了保证农村厕所建设不走样,省项目办每年多次派技术人员,下乡进行技术指导,帮助各项目单位举办各类培训班,及时解决项目工作中出现的一些问题。各项目单位也组织人员,分组赴乡镇村屯进行全面督促,发动群众,指导搞好建造质量、管理要求,受到了广大人民群众的好评,群众满意的工作,才能得到群众的支持。

10.2.7 建立服务台账"农户改厕登记卡"

为了准确地掌握全省农村改厕工作进展情况、及时发现改厕存在的问题,提供及时、准确的服务,同时也监督了改厕的真实性,吉林省爱卫办结合工作实际情况,建立了农村改厕服务台账"农户改厕登记卡",要求各项目单位实事求是地按要求做好农村改厕的登记、汇总、上报。省爱卫办根据"农户改厕登记卡",对各地农村改厕工作进行随访、服务、抽查、验收,这项措施是农户改厕工作可持续发展的需要。

11 设计原则说明

　　（1）依据卫生、安全、低造价和易推广原则，本书建造图仅提供部分卫生厕所的设计与施工资料，受自然、地理条件制约，不同模式卫生厕所的适用范围见文字说明。

　　（2）建造图的重点在厕所地下部分构筑物的设计，厕所地上部分的房屋设计仅供参考。在完全满足地下构筑物的设计要求和厕所的卫生要求前提下，可根据具体情况设计厕屋。

　　（3）使用本建造图时，地基处理应符合选用者所在地的有关规范和规程要求。

　　（4）房屋防水按选用者当地常用方法处理，房屋预制顶板或其他材料顶板应采取固定措施。

　　（5）便器可按设计要求选用市售产品，也可用陶瓷、混凝土或其他材料预制，但要表面要光滑并符合本建造图的有关设计要求。

　　（6）本建造图所列尺寸单位以 mm 计，标高单位为 m，施工具体要求见文字说明。

技 术 索 引 表

技术编号	技术名称		适 用 地 区
户厕-1	砖砌三格化粪池厕所	25 页	我国应用最广泛的技术模式，几乎遍布每一个省市。在极端缺水的干旱地区、冰冻期较长的高寒地区，由于用水与防冻方面的困难，推广应用受到限制
户厕-2	浇筑三格化粪池厕所	38 页	
户厕-3	预制三格化粪池厕所	40 页	
户厕-4	户内型三格化粪池厕所	41 页	
户厕-5	北方三格化粪池厕所	42 页	
户厕-6	三格化粪池加人工小湿地	43 页	人口密度大而农田少，粪便有机肥难以充分利用的地区
户厕-7	沼气池厕所的设计	58 页	适合我国广大农村地区应用，尤其适用于养猪农户应用。与三格化粪池技术的应用范围同样广泛。在高寒地区农村要建造相应的保温设施，如蔬菜大棚等
户厕-8	沼气池厕所的施工	63 页	
户厕-9	三联通沼气池厕所的维护与管理	74 页	
户厕-10	粪尿分集式生态卫生厕所的设计	94 页	我国南方、北方地区多省市有应用。适宜在干旱缺水、日照较充足的地区使用。可用水冲的粪尿分集式生态卫生厕所(湿式)，与三格化粪池式、三联通沼气池式、双瓮漏斗式技术的应用范围相同
户厕-11	北方寒冷地区的厕所模式	95 页	
户厕-12	南方潮湿地区厕所模式	105 页	
户厕-13	中原地区厕所模式	105 页	
户厕-14	无应用粪肥习惯地区的厕所模式	106 页	
户厕-15	应用水肥习惯地区的厕所模式	107 页	
户厕-16	新建	107 页	
户厕-17	改建	110 页	
户厕-18	二合土双瓮漏斗厕所	118 页	自河南省创建出该模式技术以来，几乎遍布我国各地的农村，由于使用广泛，各地均在原有的基础上有些变化
户厕-19	砖砌双瓮漏斗式厕所	124 页	
户厕-20	混凝土预制双瓮漏斗式厕所	124 页	
户厕-21	全塑可拆装组合式双瓮漏斗式厕所	127 页	
户厕-22	改进型—三瓮式贮粪池厕所	127 页	
户厕-23	双坑交替式厕所	129 页	主要适用于我国干旱缺水的黄土高原地区，在东北地区也有应用
户厕-24	阁楼堆肥式厕所	137 页	适用于有机废物多、干旱、少雨、太阳辐射强、日照时间长、蒸发量大的农村、牧区
户厕-25	节水型便器	145 页	

参 考 文 献

[1] 刘家义，高开焰. 农村环境卫生工作指南. 北京：全国爱国卫生运动委员会办公室，联合国儿童基金会. 2000(第一版)

[2] Uno Winblad，Wen Kilama. Sanitation Without Water. Swedish International Development Authority. 1985
生态卫生厕所. 瑞典：瑞典国际开发局. 1985

[3] 满运来，刘虎山. 中外公厕文明与设计. 天津：天津大学出版社. 1997(第一版)

[4] 徐麟，徐华译. 全封闭循环有利于粮食保障的生态卫生系统. 瑞典：瑞典国际开发局. 2001(墨西哥)

[5] 刘家义，潘顺昌. 中国农村卫生厕所技术指南. 北京：全国爱国卫生运动委员会办公室，联合国儿童基金会. 2003

[6] 刘家义，张芯. 农村学校卫生厕所建造技术要求与图集. 北京：中国协和医科大学出版社. 2005(第一版)

[7] 阎振生，孔爱仙，段小菊，朱宝玉，杜俊甫，白喜顺，李现军. 粪便无害化处理用于蔬菜施肥的卫生评估. 环境与健康杂志. 1999，16(2)：68-70

[8] 王俊起. 粪尿分集技术的研究与应用. 中国卫生工程学. 2005，4(2)：68-70

[9] 杨兰，黎学铭，吴钦华等. 粪尿分集式厕所对肠道寄生虫病的防制和环境卫生的影响. 中国热带医学. 2004，4(1)：27-29

[10] 王俊起，南山，孙凤英等. 双坑交替式农村旱厕的卫生学评价 [J]. 环境与健康杂志. 2000，17(4)：210-211

[11] 王俊起，孙凤英，王友斌. 粪尿分集式生态卫生厕所的应用与推广. 卫生研究. 2001，30(5)：282-283

[12] 王俊起，霍洪德. 寒冷地区农村沉坑式户厕结构与处理粪便效果评价研究. 中国公共卫生，1998，14(12)：736-738

[13] 王俊起等. 粪尿分集式厕所设计及粪便无害化效果评价. 中国卫生工程学. 2002，11(1)：5-9

[14] 王俊起等. 部分地区农村乡镇生活垃圾与生活污水排放与处理现状调

查. 中国卫生工程学. 2004，3(3)

[15] 周淑玉，王俊起，王京京等. 污水中大肠菌群数与沙门氏菌的关系. 卫生研究，1987，16(1)：21-23

[16] 杨兰，黎学铭，吴钦华. 两种生态卫生厕所对猪蛔虫卵的灭活效果比较. 广西医科大学学报. 2001，21(4)：503-505

[17] 姚福荣. 垃圾粪便的无害化处理. 山地农业生物学报. 2001，20(6)：455-456.

[18] 陈叶纪，孙玉东，吴振宇. 安徽省粪尿分集厕所扩展试点研究的评估分析. 安徽预防医学杂志. 2002，8(2)：68-71

[19] 杭德荣，颜维安，吴荷珍，陈晓进. 农村粪便处理设施建设质量与卫生学效果关系的研究. 中国血吸虫病防治杂志. 2005，17(2)：133-137

[20] 王冉，刘铁铮，王恬. 抗生素在环境中的转归及其生态毒性. 生态学报. 2006，26(1)：265-270

致　谢

　　本书编写参考了《中国农村卫生厕所技术指南》中的部分材料，引用了 1997～2000 年在全国爱国卫生运动委员会办公室领导下，在吉林省、山西省太原市与广西壮族自治区进行的《粪尿分集式生态卫生厕所在中国应用与推广可行性研究》的资料，引用了青海省、吉林省、山东省菏泽市、安徽省等省市地区农村改厕的图片与文字资料，仅向全国爱国卫生运动委员会办公室，相关省市卫生厅(局)、爱国卫生运动委员会办公室和疾病预防控制中心技术专家及相关工作人员深表感谢。